Julia Seidl • Stefan Rosenboom

Anni und Alois
Arm sind wir nicht

Julia Seidl • Stefan Rosenboom

Anni und Alois
Arm sind wir nicht

Ein Bauernleben

LUDWIG

Bildnachweis:
Sämtliche Abbildungen im Text und Bildteil:
© Stefan Rosenboom, außer S. 43, 46, 69, 70, 131:
© Privatarchiv Anni und Alois Sigl

MIX
Papier aus verantwortungsvollen Quellen
FSC® C014889
FSC
www.fsc.org

Verlagsgruppe Random House FSC-DEU-0100
Das für dieses Buch verwendete
FSC®-zertifizierte Papier *EOS*
liefert Salzer Papier, St. Pölten, Austria.

www.ludwig-verlag.de
Redaktion: Therese Meitinger, München
Umschlaggestaltung: Eisele Grafik-Design, München
Umschlagfotos: Stefan Rosenboom
Satz: Leingärtner, Nabburg
Druck und Bindung: Pustet Regensburg
Printed in Germany 2012

ISBN: 978-3-453-28043-4

Inhalt

Vorwort

»Wir sind schon seltene Vögel«, sagt die Anni über sich und ihren Mann Alois und kann dabei herzlich lachen. Anders ist das Ehepaar Sigl aus Hilgenreith im vorderen Bayerischen Wald auf jeden Fall – erfrischend anders. Entdeckt habe ich die beiden über einen Artikel, der in einer großen niederbayerischen Lokalzeitung mit der Überschrift »Der Hof, auf dem die Zeit stehenblieb« erschien. Ich wurde neugierig und besuchte die beiden vor drei Jahren zum ersten Mal. Ihr Haus, die Zimmer und ihre Kleidung sind bescheiden – aber als langjährige Filmemacherin war mir solch eine Umgebung nicht fremd. Was mich vor allem faszinierte, waren die Vitalität und der Humor von Anni und die besondere Feinsinnigkeit und Güte ihres Mannes, dem Alois. Damals hätte ich mir nicht vorstellen können, wie oft ich die beiden noch besuchen würde.

Innerhalb von drei Jahren entstanden über das Leben von Anni und Alois dann drei Filme, jeweils eine halbe Stunde lang, die im Bayerischen Fernsehen gesendet wurden. Betreut von BR-Redakteur Jörg Michael Schmid, der die beiden – vor allem seit er sie selbst besucht hat – ins Herz geschlossen hat. Ihm war vor allem wichtig, ihren Lebensstil für künftige Generationen festzuhalten. Rund 18 Drehtage haben die beiden bis heute bravourös gemeistert, ohne Scheu vor der Kamera, immer ganz bei sich. So habe ich mit dem Filmteam Anni und Alois über das ganze Jahr begleiten können und ihr Leben auf dem Einödhof dokumentiert. Mit am meisten hat mich beeindruckt, wie selbstverständlich die beiden als Selbstversorger leben und wie wichtig ihnen gute Lebensmittel sind. Seit mehreren Jahren porträtiere ich im Bayerischen Fernsehen Menschen, die wieder unabhängig wirtschaften und herstellen wollen – aber sich das Wissen meist mühsam aneignen müssen, wie zum Beispiel beim Brotbacken, Kleidernähen, Bienenhalten etc.

Anni und Alois dagegen müssen niemanden fragen und sich nichts anlesen, sie leben dieses autonome Wirtschaften ganz selbstverständlich.

Seit den Filmen ist die Zahl der Anrufer bei den Sigls erheblich gestiegen und vor allem die Anni ist bekannt – so sagt sie selbst – wie ein »bunter Hund«. Dem zurückhaltenden Alois ist der Rummel manchmal schon zu viel, am liebsten würde er sein Sonntagsbier in der Dorfwirtschaft in Ruhe trinken.

Parallel zu den Filmen wurde mir bald klar, dass ich über Anni und Alois auch ein Buch schreiben wollte. So konnte ich schließlich noch mehr über ihren außergewöhnlichen Alltag erzählen. Mit dieser Idee stieß ich bei dem renommierten Fotografen Stefan Rosenboom auf offene Ohren. Sofort war er Feuer und Flamme für das Thema und wir besuchten – erst einmal ohne Verlag und Vertrag – das alte Ehepaar mehrmals im Jahr. Bepackt mit Diktiergerät, zwei Leicas und vielen Fragen, wurden wir jedes Mal herzlich empfangen auf dem Einödhof. Eierreiche Pfannkuchen, deftige Schnitzel und süße Apfelkuchen, mit denen uns die Anni großzügig bewirtete, ließen uns allerdings manchmal mehr an einen kleinen Mittagsschlaf denken als an konzentrierte Arbeit.

Das Buch, das wir entwickelt haben, begleitet Anni und Alois durch das Jahr. Es beginnt im Januar, wo die zwei gegen die Schneemassen kämpfen, und endet einen Tag vor Weihnachten, quasi am Jahresschluss. Es ist entstanden aus vielen Niederschriften, die ich von stundenlangen Monologen und Dialogen der beiden gemacht habe. Ziel war es, möglichst wirklichkeitsgetreu das Leben von Anni und Alois widerzuspiegeln. Es sollte kein romantisierender Blick auf die beiden sein. Den lässt schon die Anni nicht zu, die sagt: »Das einfache Leben macht viel Arbeit. Da fliegen einem nicht die gebratenen Tauben ins Maul.« Früh aufstehen, hart arbeiten, wenig Komfort – das muss man erst einmal schaffen und auch noch damit zufrieden zu sein. Auf viele mag dieser Lebensstil heute befremdlich wirken, aber der große chinesische Philosoph Laotse gibt den alten Menschen im Bayerischen Wald recht: »Der große Weg ist sehr einfach, aber die Menschen lieben die Umwege.«

Schnee

Im Winter ist es besonders einsam auf dem Einödhof von Anni und Alois. Vor allem, wenn der Schnee tagelang um den alten Hof weht und die Wege einschneit. Unzählige Flocken decken dann die Heimat der alten Eheleute zu mit ihrem weißen, schweren Mantel. Fast jeden Tag schaufelt sich das Ehepaar durch die Schneemassen, gräbt sich die Wege frei, legt die Fenster frei – nur damit es in der Nacht wieder alles zuschneit und am nächsten Morgen die gleiche Prozedur von vorn losgeht. Aufhören, Pause machen, krank sein gibt es nicht in der kalten Jahreszeit für Anni und Alois.

»Wenn er brennen täte, dann würde ich ihn anzünden«, sagt die Anni wild entschlossen. Seit Stunden schaufelt sie mit voller Kraft auf einen stetig wachsenden Haufen. Mit dem Anzünden – so lacht sie – meint sie natürlich nicht ihren Ehemann Alois, sondern ihren Hauptfeind: den ewigen, immerwährenden Schnee. Einen Meter fünfzig hoch liegt er heuer schon und nur auf schmalen Wegen können die beiden noch zum Hühnerstall oder zu ihrem Traktor kommen.

»Das Schlimmste ist der Pulverschnee«, erklärt uns Anni, die Expertin. »Wenn dann der Ostwind kommt, treibt es ihn von den Dächern runter, bläst ihn rund um das Haus und dann können wir gar nicht mehr aus den Fenstern schauen.« Dabei sieht man doch, wenn der Himmel klar ist, von ihrem Wohnzimmer aus fast alle Bayerwaldberge, den Rachel, den Lusen, den Arber – ihre Heimat.

Mehr als ein halbes Jahrhundert leben Anni und Alois Sigl schon hier, in einem kleinen alten Einödhof am Rande des Dorfes Innernzell im vorderen Bayerischen Wald. In dem bescheidenen Haus haben sie ihre vier Söhne großgezogen, Anni hat hier ihre Schwiegermutter bis zu deren Tode gepflegt und dabei haben Anni und Alois fast nie etwas verändert an ihrem Heim. Bis heute haben sie kein Bad, keine Toilette, keine Heizung und keine gepflasterten Wege. Aber trotzdem sind sie zufrieden damit, wie es ist. Auch ohne Auto, ohne Urlaub und mit den 550 Euro Rente, die sie im Monat bekommen.

Auf einem Zettel rechnet die Anni ihre finanzielle Lage durch. Und ihr Einmaleins der Bescheidenheit ergibt: 500 Euro brauchen die beiden monatlich für Telefon, Fernseher, Strom, Versicherungen und für ihre Lokalzeitung. So verbleiben nur noch klägliche 50 Euro für Kleidung und Essen. Wie gut, dass Anni vieles selbst anbaut und eine große Vorratshaltung betreibt. Fleisch, Kartoffeln, Äpfel, Nüsse – alles findet man in Annis großen Gefriertruhen oder Vorratsräumen. Sogar den Tabak für ihren Alois baut die resolute Bäuerin im Sommer selbst im Gemüsebeet an. Ihr sanftmütiger Ehemann raucht eben gern und verbieten würde es ihm die Anni nie. Auch wenn die Tabakpflanzen im Garten schon ein seltsamer Anblick sind – eine Lösung à la Anni, die Pflanzen und Tiere liebt und ein Händchen für sie hat.

Doch von November bis April kann Anni nur von ihren wunderbaren Blumen und ihrem üppigen Gemüsebeet träumen: »Im Bayerischen Wald gibt es ein Sprichwort: ›Ein Dreivierteljahr Winter, ein Vierteljahr kalt‹«, das ist eines von Annis Lieblingszitaten. Immer wieder kann sie sich über diesen absurden Spruch amüsieren. Seit Stunden steht sie nun schon mit ihrem Alois draußen, um den Neuschnee auf die Seite zu räumen. Der Schnee ist jedes Jahr eine Heimsuchung für Anni und Alois. Manchmal fällt sie schlimmer aus, manchmal etwas weniger schlimm. Jeder Wetterbericht ist für die beiden im Winter ein kleiner Krimi – Ausgang ungewiss.

»Uns schneit es nicht ein«, erklärt die Anni resolut und sticht dabei besonders tief und energisch in die weiße Masse hinein. »Wir kommen durch, wir sind das gewohnt«, sagt sie und lacht zum Alois rüber. »Ja, da kann man nix machen, wenn es so viel Schnee herhaut«, meint der noch gottergeben. Die alten Leute sind nicht verzweifelt und wenn sie es wären, sie würden es nicht zugeben. Jammern, das hat noch keinem geholfen. Selbst die Anni, die schon mehrere Bandscheibenvorfälle hatte, sagt nur einsilbig: »Das geht schon ins Kreuz.« Manchmal kommt sie am Abend gekrümmt daher wie ein Fragezeichen.

Eines der schlimmsten Schneejahre, an das beide sich erinnern können, war 2006. »Da ist sogar die Feuerwehr am Silvesterabend gekommen und hat uns die Dächer freigeschaufelt«, berichtet die Anni. Drei Meter hoch war damals der Schnee. Und auch Anni und Alois sind an diesem unvergesslichen Abend mit aufs Dach gestiegen, um zu helfen. Alois tief vermummt mit dickem Anorak, Handschuhen und Mütze – die rührige Anni nur mit ihrer Schürze und nackten Armen. Stunde um Stunde kämpften sie dort oben gegen den Jahrhundertschnee. Schaulustige standen rund um ihr Haus und beobachteten die alten Leute, wie sie mit ihrem ungeheuren Willen gegen den weißen Feind angingen. »Dich erfriert es dort oben am Dach noch«, schrie damals eine Frau aus dem Dorf gehässig zu der leicht bekleideten Anni hoch. Darüber kann die Anni noch heute lachen. Und zwar so herzhaft, dass man ihre spärlichen drei Zähne sehen kann. »Mir ist halt gleich zu warm«, sagt sie entschuldigend, aber auch stolz, weil sie kein Weichei ist. »Ich brauch' es warm, ich mag mich nicht erkälten«, entschuldigt sich der Alois, der nicht so stämmig gebaut ist wie die Anni. »Du hast halt mehr Speck wie ich«, setzt er noch charmant eines obendrauf. »Ja, das stört mich nicht«, lächelt die Anni selbstbewusst und auch Alois schmunzelt, weil auf seine Anni, da lässt er nichts kommen.

Wenn der Schnee draußen eine Pause einlegt, dann sitzt die Anni im Winter gern in der Stube, dem einzigen beheizten Raum auf dem Hof, und näht, strickt oder macht andere Handarbeiten. »Alles, was man noch brauchen kann, wird bei uns nicht weggeworfen«, erzählt die Anni vom Sofa her. Auf dem Boden steht eine Waschschüssel voll unbenützter Schürzen, die ihr eine Bekannte aus Innernzell weitervererbt hat. »Die Jungen ziehen so etwas sowieso nicht mehr an«, kommentiert die Anni ihre geschenkten Kleider. »Die haben heute alle nur Jeanshosen an.« Aber sie schätzt diese Omaschürzen.

Mühselig trennt sie die alten Stoffe auf, Stich für Stich. Dabei helfen der Anni ihre »Winterfenster« – so nennt sie ihre Brille – und der Alois. Geduldig hält er die Ärmel fest, denn dann tut sich die Anni leichter. »Ja mei, wenn des Sach' nichts kostet«, murmelt er vor sich hin. »Warum denn nicht.« Und die Anni fällt begeistert ein: »Das sind die billigsten Schürzeln. Umändern kann ich sie selber, die sind alle ganz neu, die hat noch keiner getragen.« – »Pass nur auf, dass du nicht reinschneidest«, warnt der Alois sie leise. Aber Anni lässt sich nicht aus der Ruhe bringen, schon gar nicht von ihrem Ehemann, und erwidert nur lakonisch: »Das seh' ich schon, wenn ich ein Loch drinnen habe.«

Schon über fünfzig Jahre sind Anni und Alois verheiratet. Und wie das so ist, wenn man sich tagein, tagaus sieht und miteinander lebt – gewöhnt man sich aneinander und entwickelt gemeinsame Gewohnheiten. Anni, die Quirlige, die Lebhafte – Alois, der Sanfte, Ruhige, Beschauliche, sie sind ein Paar, das grundverschieden ist, aber trotzdem gut miteinander auskommt. Nie enden ihre Gespräche im Streit. Sie führen eine Ehe, in der Humor und Gutmütigkeit wichtig sind, und sie werden sich gut vertragen, so lange bis der Erste von ihnen endgültig gehen muss.

»Ich muss hundert Jahre alt werden, bis ich meine selbst genähten Schürzel alle auftragen kann«, hat sich die Anni ausgerechnet. Fast immer muss sie die geschenkten Sachen umnähen, weil sie kräftiger gebaut ist als die Vorgängerinnen. Die aufgetrennten Teile stückelt die Anni dann wieder von Neuem zusammen und wenn ihr der Ausgangsstoff nicht langt, dann näht sie halt einfach einen anderen Stoff mit anderem Muster in die neue Schürze rein. »Zwiefarbige Schürzel«, die hat sie gerade genug. Aber für den Werktag langen sie, erklärt die Anni pragmatisch. Und wenn eines bei der Arbeit ein Loch bekommt, dann wird es liebevoll geflickt, und zwar immer wieder.

»Des mit dem Wegwerfen haben wir nicht gelernt«, erklärt die Anni ernst. Bei den Sigls, auf ihrem Einödhof, ist die Konsumgesellschaft noch nicht angekommen. So hat die Anni ihr Lieblingsschürzel für den Sommer schon über zehn Mal geflickt und inzwischen schaut es fast aus wie ein Gemälde von Hundertwasser – so kunterbunt ist es durch die Ausbesserei geworden. Jedes Mal, so beteuert die Anni, ist es das letzte

Mal, dass sie dieses Schürzel flickt. Aber so recht glauben will man ihr nicht.

An ihrer uralten Nähmaschine sitzt Anni in der bescheidenen Wohnstube und rettet mit dem Flicken ihr Weltverständnis. Von klein auf hat sie das Sparen lernen müssen. Erst wenn es gar nicht mehr anders ging, hat man Kleidung früher zusammengeschnitten und als Putzlumpen hergenommen. Warum bloß werfen die Leute heute so viel weg? Das ist für sie der Anfang vom Ende – angesichts von solcher Verschwendung muss sie fassungslos den Kopf schütteln.

Anni ist im Krieg aufgewachsen. Essen und Kleider waren damals Mangelware. Das war zwar schlimm, aber weil es allen in ihrem Heimatdorf so erging, war es vielleicht etwas weniger tragisch als heutzutage ein Hartz-IV-Empfänger in Starnberg zu sein. Ihre Kommunion fiel mitten in den Krieg, wo selbst einfache Stoffe rar waren. Deshalb hat damals ihre Mutter das Kommunionkleid aus einem schlichten, weißen Betttuch genäht. Ein »Not-Kleid«, das auch noch ihre beiden jüngeren Schwestern zur Kommunion tragen mussten.

Von ihrer Mutter hat die Anni schon als junges Mädchen Nähen und Stricken gelernt. »Ich hab' oft im Winter zwanzig bis dreißig Paar Socken stricken müssen und meine Brüder sind Schlitten gefahren«, ärgert sich die Anni noch heute über die ungerechte Behandlung. Und die Socken? »O mei, die waren alle aus Schafswolle, die haben schrecklich gekratzt«, denkt sie an ihre raue Kindheit zurück.

Als Mädchen musste man damals Handarbeiten lernen, das war einfach so. Und es hat der Anni später im Leben ja weitergeholfen. Bettwäsche, Leintücher, Hosen, Jacken, Hemden – alles hat die Anni für ihre Familie selbst genäht und Socken und Pullover hat sie gestrickt. »Wenn ich das alles hätte kaufen müssen, dann wäre es aus gewesen für uns«, sagt sie und schaut konzentriert auf die Nadel ihrer uralten Nähmaschine, die durch den Stoff saust. Nur ihr Hochzeitskleid, das hat sie vor über fünfzig Jahren gekauft. Zusammen mit den Schuhen musste sie 150 Mark ausgeben, damals waren das fünf Monatslöhne für sie. Dieses Kleid hält sie bis heute in Ehren und es darf in ihrem Schrank hängen bleiben, bis die Anni nicht mehr leben wird. »Manche Leute können sich gar nicht vorstellen, dass wir von 550 Euro im Monat leben können«, denkt die Anni laut, während sie mit dem Nähen aufhört, den Faden abreißt, das »neue« Schürzel dem Alois zeigt und es nach seinem wohlwollenden Nicken sorgfältig zusammenlegt.

So arm und so bescheiden wie Anni und Alois leben, das findet man heute kaum mehr. Luxus – das ist für die beiden schon eine einfache Kaffeemaschine oder eine neue Kettensäge. »Uns langt des Geld«, meint der Alois auf die immer gleiche Frage ihrer Besucher. »Mehr brauchen wir nicht«, fällt die Anni wie im Kanon ein. Da haben sie sich abgestimmt, sind ganz d'accord. Wir kommen aus – das ist ihr Motto. Wir kommen aus, das heißt in ihrer Sprache der Bescheidenheit: Wir sind zufrieden mit dem, was wir haben. Und manchmal wird die Anni dabei schon etwas frauenfeindlich: »Ein altes Sprichwort sagt: ›Die ersten vierzehn Tage geht die Frau aus, am fünfzehnten geht das Geld aus‹«, weiß sie bei solchen Gelegenheiten zu sagen. Vielleicht, weil sie genau weiß, dass sie nicht zu dieser Sorte von verschwendungssüchtigen Frauen gehört. Deshalb wird bei der Anni alles aufgehoben, egal, ob es viel, wenig oder gar nichts gekostet hat. Fünfzig Glühbirnen, zweihundert Eierschachteln, 180 Einweckgläser und über 15 Kilogramm Salz, das sind so die kleinen Schätze der Anni, die sie irgendwo in dem großen Haus lagert.

Seit Jahren liegt bei der Anni auf dem Fensterbrett auch eine unvollendete Tischdecke, die sie als 15-Jährige begonnen hat. Die feine Handarbeit schaut aus wie ein Fischernetz, das in eine riesige Tasse Kaffee gefallen und dort jahrelang vergessen worden ist. Mokkabraun eben. Früher hätte man solch ein Netz zu besonderen Anlässen über eine weiße Tischdecke drapiert. Es ist ein Meisterwerk alter Handarbeitskunst. »Filieren« nennt Anni diese vergessene Knüpftechnik, über die es längst keine Bücher mehr gibt. Denn so viel Zeit, wie man für eine solche Decke braucht, hat heute keiner mehr.

Draußen ist es mittlerweile dunkel geworden und vereinzelt fallen wieder Schneeflocken sacht zur Erde. In der Stube hört man kein Geräusch, selbst die Hühner von der Anni schlafen schon im Stall. Am Tisch sitzt Anni mit ihrer dicken Brille und knüpft sorgfältig an ihrem unfertigen Netz weiter. Ganz genau muss sie abzählen, bei so einer Decke kann man sich keinen Fehler leisten, sonst muss man alles wieder auftrennen. Eine »Fiselei« ist das, eine Meisterübung in Geduld. »Ja, da kann man nicht so einfach her und den Baum rauf«, schmunzelt die Anni. Nach einer Stunde hat sie gerade einmal eine neue Reihe Maschen geschafft, einen Zentimeter ist die Decke wieder im Durchmesser gewachsen.

Doch Anni sitzt gern hier, diese Decke ist für sie wie eine Zeitmaschine, die sie direkt in ihre Jugend führt. »Wenn ich so dasitze«, sagt sie, »dann kann ich an alles zurückdenken, wie alles so war.« Mit 15 Jahren ist die Anni damals von zu Hause weggekommen, um im Damenstift in Neuhaus am Inn eine Hauswirtschaftslehre zu machen. Mit Heimweh kämpfte die junge Anni allerdings nicht lange: »Mir ist es im Kloster besser gegangen wie daheim«, erzählt die Anni, während sie den mokkabraunen Zeitfresser so hinlegt, dass sie bequem daran weiterarbeiten kann. »Daheim hab' ich mich recht schinden müssen«, sagt sie noch. Und während sie Millimeter für Millimeter dieses unendliche Netz weiterspinnt, denkt sie mit Dankbarkeit an die Schwestern. Eigentlich wollte sie damals auch ins Kloster gehen, für immer. Aber das Schicksal hat ihr einen Strich durch die Rechnung gemacht: Weil ihre Schwester daheim Krankenschwester lernen wollte, ist die Anni nach der Ausbildung im Kloster nach München in Stellung gegangen. Von den 30 Mark, die sie dann im Monat verdient hat, hat sie 25 ihrer Schwester gegeben, damit diese ihre Lehre bezahlen konnte. Später hat ihr die Schwester das Geld wieder zurückgezahlt und die Anni hat sich davon ihre Aussteuer gekauft. Aber mit dem Traum vom Kloster war es endgültig aus.

Während Anni dasitzt und sich durch ihr Leben knüpft, ist draußen der Schneefall immer stärker geworden. Zusammen mit dem Wind veranstalten die Flocken einen wilden Tanz rund um das Haus von Anni und Alois. Drinnen kämpft die sonst so resolute Anni mit den Tränen. »Ich habe oft Zeitlang gehabt nach den Schwestern«, sagt sie und wischt sich ihre Augen ab. Und während Alois ungerührt auf dem Sofa sitzt, öffnet die Anni kurz das Fenster, um frische Luft reinzulassen. »Ja, jetzt schneit es uns wieder ganz ein«, meldet sich der Alois wieder zurück von seinem Platz. »Bis Mitte März kommt immer ein Haufen Schnee«, erwidert die Anni gelassen und nimmt ein paar tiefe Atemzüge. Die ganze Nacht wird es schneien, aber das Leben geht weiter, so wie es will – auch in Hilgenreith, auf ihrem Einödhof.

Eiszeit

Die Sonne steht tief, sehr tief. Es ist Mitte Februar und eisig kalt. Kein Wölkchen ist am blauen Himmel zu sehen, nur der Mond leuchtet noch blass, ein nächtlicher Überrest. Eisblumen zieren die Fenster in der Stube auf dem Einödhof, kalte filigrane Kunstwerke, durch die jetzt langsam der erste Sonnenstrahl bricht. Dort steht der Alois, frisch gewaschen und gekämmt und sieht mit großen braunen Augen aufmerksam zu, wie der unerbittliche Ostwind die Bäume noch einige Zentimeter tiefer dem Boden entgegendrückt. Leicht wirbelt der Wind auch den Schnee auf, der in diesen Morgenstunden funkelt wie ein großer Diamant.

Der Alois beugt sich zu dem alten schwarzen Kofferradio am Fensterbrett hinüber und schaltet es ein, um Nachrichten aus der fernen weiten Welt zu hören. Tyrannei im Iran, Bürgerkrieg in Syrien, die Champions League – alles rauscht am Alois heute vorbei, denn gestern hat auf dem Einödhof die Eiszeit begonnen, die kältesten Tage im Jahr.

Richtig interessiert lauscht Alois also nur dem Wetterbericht für die kommenden Stunden: »*Der Winter kommt richtig in Fahrt, Bayern wird in den nächsten Tagen zum Gefrierschrank. Das Kältehoch Cooper sorgt auch in der kommenden Nacht für rekordverdächtige Temperaturen, im Bayerischen Wald und am Alpenrand unter minus 20 Grad. Am Tag ist der Himmel klar oder höchstens locker bewölkt. Die Höchsttemperaturen liegen in Ostbayern bei minus 14 bis 12 Grad. Der Wind weht mit Stärke 5 aus nordöstlicher Richtung. Die weiteren Aussichten: In den nächsten Tagen bleibt es klirrend kalt, der Frost schwächt sich nicht ab*«, beendet der Nachrichtensprecher seine Ansage, als die Anni – bekleidet nur mit ihrer grellroten Strickjacke und einer ärmellosen dunklen Fleeceweste – zur Stubentür reinrauscht. Die letzten Worte hat sie aber noch gehört. Während sie ihre Stiefel auszieht und in die Ecke neben dem Herd wirft, erzählt sie lautstark dem Alois, wie rau ihr der Wind ins Gesicht geblasen hat, als sie heute Morgen die Haustüre geöffnet hat. Doch der nimmt seelenruhig noch einen Schluck von seinem Morgenkaffee und sagt gelassen: »Das ist Zeit geworden, dass es so kalt wird«, und nickt leicht vor sich hin. Doch die Anni hat für Nachdenklichkeit keinen Sinn, sie schaut den Alois aufmerksam an und spinnt sofort seinen Gedanken weiter: »Wir brauchen die Kälte, sonst erfriert das ganze Ungeziefer nicht und geht kaputt, dann haben wir im Sommer den Schlamassel«, resümiert sie, während sie sich unsanft auf das Sofa plumpsen lässt. Die

Katze, die dort bis jetzt ungestört ihren Winterschlaf gehalten hat, zuckt kurz mit den Ohren, als die Anni neben ihr aufschlägt. Die muss dem Alois dringend erzählen, was die Kälte diesmal auf ihrem Hof angestellt hat: »Heute Nacht hat es die Wasserpumpe zusammengefroren. Die Waschmaschine geht nicht mehr und im Stall hat es auch das Wasser in der Leitung gefroren«, berichtet sie dem Alois von ihrem ersten Rundgang und streicht sich ihre zerzausten Haare zurück. »Ja mei, wenn es kalt ist, dann friert halt etwas ein«, stellt der nur gleichmütig fest und zieht noch einmal bedächtig an seiner Zigarette. Aber die Anni hört seine gottergebene Bemerkung schon gar nicht mehr, in ihrem Hirn kurbelt es und es kurven die Gedanken, wie man schnell die Probleme lösen kann. »Ich muss nachher gleich in der Gemeinde anrufen, dass jemand kommt und uns das Wasser auftaut. Sonst kann ich nicht mehr waschen, letztes Jahr im Februar habe ich vier Wochen nicht waschen können«, erinnert sie sich mit einem lautstarken Lachen. »Aber wir haben ja genug Kleider«, stellt sie stolz fest, auch wenn die meisten davon Geschenke sind oder uralt. Und wer sieht die beiden schon im kalten Februar auf dem Einödhof?

»Der kälteste Winter, den wir je hatten, war 1969«, erinnert sich die Anni und beäugt nebenbei den Alois, wie er sich neben ihr auf das Sofa an seinen Eckplatz setzt. Auch die Katze, die beide »Mauckei« nennen, öffnet ihr Auge einen winzigen Schlitz breit, nur so weit, dass sie sehen kann, was um sie herum passiert, um anschließend wieder in winterliche Katzenagonie zu verfallen. Seit sie vor einigen Monaten den Sigls zugelaufen ist und dort eine neue Heimat gefunden hat, liegt die grau getigerte Katze meist schlafend zwischen Anni und Alois. Und die haben für ihr zwei Meter breites Kanapee immer die gleiche Sitzordnung: Die Anni sitzt in der äußersten linken Ecke, der Alois in der äußersten rechten. Dazwischen bleibt der größtmögliche Abstand zwischen ihnen, den jetzt das Mauckei ein bisschen ausfüllt. Warum sie so weit auseinander sitzen, weiß das alte Ehepaar selbst nicht. Wahrscheinlich Gewohnheit und vielleicht ist es auch bequemer, sich in einer Ecke anlehnen zu können. Auf alle Fälle hat der Alois an seinem Platz Tabak, Zigarettenpapier, die Lokalzeitung und eine Flasche zum Trinken griffbereit. In seine Ecke würde die Anni sich nur im absoluten Notfall setzen, aber eigentlich noch nicht einmal dann. Ordnungen – auch wenn sie unnötig erscheinen – geben eben Halt im Leben und schaffen ein Gefühl von Zuhause und Heimat.

»Ein paar Jahre nach unserer Hochzeit, da hat es 39 Grad minus in der Nacht gehabt, da war es zapfig kalt, alles war zugefroren und aus den Fenstern hast nicht mehr rausschauen können und die kleinen Nussbäume, die hat es alle zusammengefroren, die waren ganz schwarz«, berichtet die Anni von den frostigsten Zeiten der beiden, frostig aber nur von den Temperaturen her gesehen.

Lange Kälteperioden – das sind Anni und Alois gewohnt auf ihrem Einödhof, der in einer ausgesetzten

Hanglage und ohne schützende Wände von Nachbarhäusern einsam den eisigen Tagen trotzen muss. Und mit nur einem Raum, den man richtig beheizen kann, ist der Winter für die beiden alten Leute eigentlich keine Jahreszeit, sondern richtig Arbeit. So müssen sie im Hühnerstall alle Leitungen mit Papiersäcken und Dachpappe einbinden und die Türen mit Strohballen abdichten. Auch die Fensterbretter werden mit zusammengerollten Wolldecken versehen, damit die ärgste Kälte draußen bleibt. Und wenn es im Haus ganz eisig wird, dann legt die Anni außerdem auf ihre Apfelkisten im oberen Gang Decken, denn sonst gefrieren ihre geliebten Früchte.

Ungeheizt bleibt jedoch meist das Schlafzimmer, weil die Anni fast kein Grad Wärme ertragen kann. Nur in den kältesten Nächten des Jahres nimmt sie eine Wärmflasche mit ins Bett. Aber Anni und Wärmflasche, das ist fast wie ein Oxymoron: »Schwarzer Schimmel«, »Wahre Lügen«, »alter Knabe« – und »Annis Wärmflasche« – Verbindungen von Wörtern und Bedeutungen, die eigentlich unmöglich sind und deshalb fast nie gebraucht werden. Genauso selten füllt die Anni ihre Wärmflasche vor dem Zubettgehen auf. Und dann passiert immer das Gleiche: Die Anni legt sich in das dicke Daunenbett, spürt die aufsteigende Hitze und fünf Minuten später fliegt das rote Gummiding auch schon raus. Dann streckt die Anni die Füße aus der Decke raus, anschließend kommen ihre Arme dran. Nein, sie braucht keine Wärme, auch wenn es im Schlafzimmer unter null Grad hat. Die Wärmflasche aber, ihr seltener Begleiter, die liegt am nächsten Tag vergessen und steif gefroren auf dem Nachttisch.

Jetzt am Vormittag, wo es draußen frostige 15 Grad unter null hat, passiert nicht viel auf dem Einödhof. Man ist zum Stillstand verdammt, was der Anni besonders schwerfällt. »Hast du den Weg schon geräumt?«, fragt sie deshalb den Alois unruhig und blickt ihn unvermittelt an. Der nickt leise und antwortet: »Jaa, haben wir schon gemacht«, und lächelt leise in sich hinein. Den Alois aus der Ruhe zu bringen, das schafft nicht einmal die Anni. Und wenn man so lange verheiratet ist, wird nicht gestritten wegen jedem »Schmarrn«, man gibt nach, wo der andere seine Empfindlichkeiten hat. Einzig die Anni gibt zu, dass sie einen Dickschädel hat und gern mal nachtragend sei. Dem Alois ist das aber egal, er kennt sie ja. Und nein, er lässt sich von ihr nicht alles gefallen. Aus. Amen.

Der Alois nimmt noch einen Zug aus seiner Limonadenflasche, seelenruhig, bis er der Anni endlich antwortet: »Da ist gestern einer den Weg mit dem Auto runtergefahren und nicht wieder raufgekommen. Ich habe zu ihm gleich gesagt, bleib' oben, der Weg zum Haus ist zu steil, aber er hat halt runterfahren müssen, weil er Polizist ist. Das ist einer aus dem Ort, aber arbeiten tut er bei der Sonderkommission in München. Ja, aber deshalb ist das Auto auch nicht wieder raufgekommen und schließlich habe ich ihn mit dem Traktor raufziehen müssen«, seufzt er. Für solche Unvernunft und Wichtigtuereien hat er kein Verständnis.

Lieber legt er noch ein Holzscheit nach, das ist lebensnotwendig für ihn, damit es in der Stube schön warm bleibt. Wenn der Ofen ausginge, das wäre eine kleine Katastrophe für Alois. Aber weil der Alois seinen Platz auf dem Sofa ungefähr zwei Meter in Sicht- und Reichweite des Ofens hat, behält er das alte Ding immer genau im Blick. Eine Aufgabe, die ihn den ganzen Tag beschäftigt, fast so, als ob er auf ein kleines Kind aufpassen müsste.

Die Anni, die bei diesen Zimmertemperaturen am liebsten schon wieder ein Fenster zum Lüften aufreißen würde, schimpft »heizt du schon wieder nach«, als der Alois die Ofenklappe öffnet, um ein neues Holzscheit nachzulegen. Aber der Alois überhört sie geflissentlich, reagiert nicht und setzt sich nach vollbrachter Tat schweigend hin. Er fixiert irgendeinen Punkt im Raum – auf der gegenüberliegenden Wand, irgendwo auf der grünen Tapete. Es tritt ein: Stille, die Stille zwischen zwei Gedanken, die Stille zwischen alldem, was täglich gesagt und getan wird.

Diese Andacht beendet die Anni nach einigen Sekunden, zupft sich ihre Schürze zurecht und berichtet: »Die Schwiegertochter war neulich zu Besuch und die hat sich hier totgefroren. Die ist im Anorak hier in der Stube gesessen. Aber daheim, da heizen die, da würde ich umfallen bei 25 Grad im Zimmer«, schüttelt sie angewidert den Kopf. »Wenn die es so heiß haben in der

Wohnung und wenn es draußen kalt wird, dann werden die automatisch krank, weil sie keine Kälte mehr aushalten«, beschließt sie ihre Kälte- und Wärmetheorie, die eigentlich auch eine Theorie von Armut und Wohlstand, vom einfachen Leben und vom Komfort ist.

Und überhaupt diese modernen Häuser, da fühlen sich Anni und Alois nicht wohl.

»Ich mag in kein Haus gehen, wo ich draußen schon die Schuhe ausziehen muss«, beklagt Alois die ländliche Überreinlichkeit. »Das muss doch langen, wenn man am Fußabstreifer die Schuhe sauber macht«, schaut er die Anni fragend an. Aber die zwickt gerade die Katze Mauckei neckisch in ihre Ohren, um sie in ihrem Winterschlaf zu stören. »Was ist, Mauckei? Hast du ausgeschlafen?«, ärgert sie den grauen Stubentiger, der zusehends genervt ist. Als die Anni ihm die Ohren mit einer Hand runterbiegt und nicht mehr loslässt, faucht der kleine Mitbewohner und fährt zum ersten Mal seine Pfote mit gezückten Krallen aus. »Der reicht es schon, wenn du sie anlangst«, beobachtet der Alois das wilde Treiben. Denn die Anni liebt es, mit den Tieren zu spielen, sie aufzustacheln, bis sie angreifen. Triumphierend und amüsiert sagt sie: »Jetzt schaut sie aber wild«, und fährt Mauckei noch einmal provokativ über die empfindliche Katzennase.

Ein Fauchen, ein lautes Auflachen der Anni, ein verschmitztes Lächeln vom Alois, so ist der kalte Februartag von Anni und Alois. Still, ruhig, bedächtig, ohne Ereignisse. »Nur in einem ruhigen Teich spiegeln sich die Sterne«, besagt ein chinesisches Sprichwort. Fünfzig kalte Winter haben Anni und Alois gemeinsam überstanden im herben Klima des Bayerischen Waldes, in diesem alten Gebäude eine wahre Aufgabe und wahrlich eine Leistung. Und wenn es innen und außen stürmt, so bleiben die beiden erst einmal ruhig, weil etwas anderes sowieso nicht hilft.

Annis Kindheit

Wenn Anni etwas nicht mag, dann sind es Schuhe. Sie zwicken, zwängen ein und – so behauptet die Anni – man schwitzt in ihnen. Die Anni ist eben eine hartgesottene Waitlerin, wie die Bewohner des Bayerischen Waldes im Dialekt genannt werden: Nur im Winter trägt sie Stiefel, wenn sie Schnee schaufeln muss. Aber jetzt, im Frühling, hält sie es nicht mehr aus, da läuft sie einfach barfuß im Garten und im Haus – ein Anblick der verwöhnte Städter frösteln lässt. »Ich kann über jedes Stoppelfeld gehen«, ruft die Anni mit stolzgeschwellter Brust. Und wie sie so dasitzt auf dem alten Sofa, ähnelt sie einem kleinen, alten Buddha – zufrieden, fröhlich und bescheiden. Ihre Füße runzlig, derb und ungewaschen. »Ich bin das Barfußlaufen gewohnt von Kindheit an«, erinnert sich die Anni. Sie braucht kein Schuhregal, denn sie besitzt nur ein Paar Hausschuhe, Turnschuhe und ein Paar Stiefel. Und das reicht für sie, denn von Ende April bis Allerheiligen verzichtet sie komplett auf Fußbekleidung. Das deutsche Sprichwort »Wer barfuß läuft, den drücken keine Schuhe«

klingt zwar simpel, trifft aber genau auf die Anni zu. Viel Geld hat sie nie gehabt, aber sie schert sich nicht darum. Eine schönere Kindheit – ja, da lacht sie –, die hätte sie haben können, wenn sie an einem anderen Ort, in einer anderen Familie geboren worden wäre. Alles Konjunktive, denn Anni ist so aufgewachsen, wie sie ist. Und davon erzählt sie jetzt, während ihre nackten Füße hin und her baumeln:

Mein Mädchenname ist Schmid, Schmid Anni. Ich bin 1936 in Schabenberg geboren. Das ist mitten im Bayerischen Wald, bei Schönberg. Acht Häuser hat das Dorf gehabt und in einem jeden war ein Haufen Kinder. Bei uns waren vier Kinder daheim und ich war die Älteste. Meinen Vater habe ich nie kennengelernt, nur auf dem Foto. Der ist – so haben sie es mir erst viel später erzählt – in München in der Kaserne »kaputtgegangen«. Zwei Wochen, bevor ich auf die Welt gekommen bin. Irgendwie hat er mit einer Kanone hantiert und die ist dann losgegangen und hat mehrere Leute zerrissen. Da war er dabei und meine Mutter saß daheim, ledig und hochschwanger.

Meine Mutter hat nach eineinhalb Jahren wieder geheiratet. Und dann hat sie noch mal drei Kinder bekommen. Mich hat sie in die Ehe mitgebracht, aber mein Stiefvater hat mich behandelt wie seine eigenen Kinder. Das war ein braver Mann, ein netter. Von dem habe ich nie erfahren, dass er nicht mein richtiger Vater ist. Das habe ich erst viel später rausgekriegt.

Meine Mutter war eine ganz strenge. Arbeiten, arbeiten, arbeiten – das war alles für sie. Arbeiten haben wir dürfen, aber Luxus und Freizeit hat es nicht gegeben für uns. Zur Schule haben wir jeden Tag sechs Kilometer einfach zu Fuß gehen müssen. Meistens nur barfuß. Um sechs Uhr abends sind wir erst wieder heimgekommen. Da hat die Mutter schon gewartet mit der Stallarbeit. Ausmisten, Futter verteilen, melken, da waren wir oft erst um neun Uhr fertig. Und müde. Nach dem langen Tag. Aber dann mussten wir uns noch an den Stubentisch setzen und unsere Hausaufgaben machen. 3 x 3, 5 x 2, 6 x 5 – das Einmaleins, Schreiben, Lesen. Und das mit einer Lampe, die hat nur eine billige 10-Watt-Glühbirne gehabt. Das Licht war so schlecht,

Anni (rechts) mit Geschwistern

eine Kerze wäre besser gewesen. Wir sind immer müder geworden, aber die Mutter hat uns nichts durchgehen lassen. Die hat uns sitzen lassen, bis alles fertig war. Erst dann durften wir ins Bett.

Einmal hätte ich gern als Kind ausgeschlafen. Aber um 5 Uhr hat uns die Mutter aufgeweckt, jeden Tag, auch samstags. Denn früher war noch am Samstag Schule. Selbst am Sonntag mussten wir um 5 Uhr früh aufstehen. Unsere Mutter war auch noch sehr fromm. Und so mussten wir zum Gottesdienst laufen, wieder sechs Kilometer zu Fuß. Ausgekommen bist du bei der Mutter nicht. Jammern hat auch nichts geholfen. Das hat es eigentlich nur schlimmer gemacht. Uns ordentlich verhalten – das sollten wir. Ihr Spruch war: »Wenn ihr in der Kirche nicht aufpasst, dann kommt ihr in die Hölle.« Den hat sie uns mit auf den langen Weg gegeben. Da haben wir Angst gehabt, vor der Hölle hat sich damals jedes Kind gefürchtet.

Am Sonntag gab es mittags Fleisch. Aber kein Kind hat es gegessen. Der Speck war so dick und fett, dass wir lieber nur Soße mit Knödel oder Kraut gegessen haben. Unter der Woche gab es bei uns nur Kartoffelspeisen, für mehr war kein Geld da. Die erste Wurst in meinem Leben, die habe ich nicht zu Hause probiert. Da war ich schon längst in Stellung in München.

Meinem Stiefvater habe ich als Älteste viel helfen müssen. Der hatte einen gelähmten Arm, der völlig abgemagert war. Vom Mörteleimerschleppen, hat mir der Stiefvater erzählt. Muskelschwund oder so. Beim

Ackern hat er die Zügel für die Ochsen nicht alleine halten können. Da hat er mich brauchen können. Ich bin neben ihm hergelaufen und hab' das andere Seil festgehalten. So haben wir das ganze Feld umgegraben, nur wir zwei.

Mein Stiefvater war ein ruhiger Mensch, der hat uns nie geschlagen. Meine Mutter war da anders, mit der ist schon manchmal der Gaul durchgegangen. Was sie überhaupt nicht mögen hat, war »Nachschnabeln«. Da haben wir einfach zur Gaudi die Sätze wiederholt, die sie gerade gesagt hatte. Mei, da ist die in Rage gekommen. Ich habe das einmal ausprobiert, nur einmal, und dann habe ich eine solche Watschn von ihr gekriegt. Nachreden habe ich mich nie wieder getraut.

Spielen, ja, das haben wir nur am Sonntagnachmittag dürfen. Das war alles. Aber das war bei allen Kindern so. Der Nachmittag war schön, da haben wir uns alle am Dorfplatz getroffen und Fangen, Verstecken oder Ringelreigen gespielt. Im Winter durften wir sogar zwei- oder dreimal mit einem großen Zugschlitten den Hang runterfahren. Gelenkt haben den die größeren Dorfbuben. Da sind wir schon ein paar Mal ganz schön umgefallen damit, aber Spaß hat es gemacht.

Uns ging es nicht schlecht als Kinder, nein. Das war damals einfach so. Da ging es keinem Kind im Dorf besser oder anders. In die Schule gegangen bin ich acht Jahre lang, mit 14 war ich fertig. Aber man hat mich zu nichts brauchen können. Ich war ja nur 1,33 Meter groß. Und ziemlich dick. Ich bin eher in die Breite gewachsen als in die Höhe. Schöne Zöpfe, gesundes Haar – aber halt ein richtiges »Bummerl«, wie man bei uns sagt. Und einen Kropf, einen dicken, habe ich gehabt. Wie bei den großen Gänsen, ich hab' furchtbar ausgeschaut. Und als meine Mutter dann mit mir zur Berufsberatung gegangen ist, haben sie mich für nichts brauchen können. »Viel zu klein«, haben sie gesagt, »für alles.«

So hat mich meine Mutter in eine Haushaltungsschule gesteckt. Für ein Jahr. Das war eine gute Zeit. Da hab' ich mich nicht mehr so schinden brauchen wie daheim. Richtig erholt hab' ich mich und endlich genug Schlaf gekriegt. Da gab es auch einen Arzt, der hat

Annis Eltern

dann festgestellt, dass ich unter einer Drüsenunterfunktion leide, und hat mir flüssiges Jod gegeben. Der Kropf ist davon immer kleiner geworden. Und ich bin in dem Jahr gewachsen, zwanzig Zentimeter sogar.

Das ist alles lange vorbei. Trotzdem war es eine schöne Zeit. Auch wenn das heute keiner glauben kann. Außer unserem Dorf, der Schule und der Kirche sind wir nirgends hingekommen. Wir kannten nichts anderes als die Haustür, die Schultür und die Kirchentür. Das war unsere kleine Welt. Die war klein, sehr klein, aber wir waren glücklich.

Alois – der Hoferbe

Der Alois redet nicht viel. Oft pfeift er ein Lied vor sich hin, das keiner kennt – nur so. Den Blick hat er in die Leere gerichtet. Da sitzt er dann, dreht sich ein Zigarettchen und lässt die Zeit vergehen. Ohne Widerstand, ohne Taten, ohne große Worte. Am liebsten raucht er im Sommer auf der Hausbank und schaut sich in der Ferne die Berge des Bayerischen Waldes an. Der Lusen, der Rachel, der Arber – seine Heimat. Hier in diesem Haus ist er geboren, aufgewachsen, ist er Vater geworden, sind seine Eltern gestorben und hier ist er selbst alt geworden. 78 Jahre, jetzt.

Sein Blick wandert dann über die Tabakpflanzen, die Anni in ihrem Gemüsebeet für ihn anbaut. Schon 15 Jahre lang. Und das in dem rauen Klima, den harten Wintern. Zweieinhalb Meter hoch wachsen die Pflanzen und Ende August, wenn die unteren Blätter gelb werden, dann erntet Anni die Blätter einzeln und trocknet sie auf dem Dachboden. »Freilich, da ist viel Geld zum Sparen«, stellt die Anni fest, mit ihrem Tabak, das hat sie sich genau ausgerechnet.

In der Stube hat der Alois eine alte Zigarettendrehmaschine, eine silberfarbige. Mit dem alten Utensil dreht er den klein geschnittenen Bayerwald-Tabak *made in Hilgenreith* zu seinen Spezialzigaretten. Das ist seine Form von Luxus, sein kleines Laster. Denn Bier mag der Alois nicht wirklich, aber er gibt es nicht gern zu. Nur wenn ein Mann auf Besuch kommt, dann packt ihn die Mannesehre und er trinkt wohl oder übel eines mit. Meist so langsam, dass der andere schon längst fertig ist mit seinem Bier. Das wiederum sieht der aufmerksame Alois sofort, auf diesen Moment hat er gewartet, um dann höflich-verschmitzt zu fragen: »Magst noch eines?« Spätestens bei der Frage bemerkt der Gast, dass der Alois da immer noch vor seiner halb vollen Flasche sitzt – seit einer Stunde. Bier ist eben nichts für Alois, dann lieber schon Zigaretten.

Manchmal muss der Alois auch gekauften Tabak rauchen, weil Annis Tabakpflanzen nicht für ein ganzes Jahr reichen. Kennt er da einen Unterschied? Selbst angebaut oder gekauft? Genüsslich zieht er noch einmal an seiner Zigarette. Er sitzt da, raucht und überlegt. »Na ja«, sagt er schließlich und macht eine kleine Pause, »der selbst angebaute Tabak ist gesünder, aber man kann ihn nicht so klein schneiden wie den gekauften.« Aber bei dieser Antwort hat er nicht mit Anni gerechnet: »ER und kleiner schneiden«, schleudert sie ihm empört entgegen. »Wenn ER das macht, dann wird der Tabak um einen halben Zentimeter breiter.« Und dabei schaut sie triumphierend, weil sie natürlich haargenau weiß, dass er nie seinen Tabak selber schneiden würde. Dass er sich nie in ihren Haushalt einmischen würde, der ruhige, etwas phlegmatische Alois.

Alois dagegen lässt nicht provozieren von ihrer spitzen Bemerkung. Schnell lenkt er wieder ein und sagt gelassen: »Dein Tabak passt scho, auch wenn er nicht so fein ist.«

»Passt scho« – dieser bayerische Allroundausdruck für alle Lebenslagen, diese Scheinzufriedenheit, dieses Scheineinlenken – das alles liegt in einem »Passt scho«. Und wenn der Alois eines nicht will, dann ist es streiten. Auf so etwas lässt er sich in seinem Alter nicht mehr ein. Lieber sagt er nichts oder lacht einfach, genau wie die Anni. Das Leben ist so leichter, ruhiger. Im Fluss – würden andere sagen – ohne Steine, ohne Hindernisse.

Langsam, fast wie in Zeitlupe, zieht der Alois an seiner Zigarette. Ob der Tabak von Anni oder aus dem Supermarkt stammt, egal. Klein oder grob geschnitten, auch egal. Alois pfeift wieder, fast tonlos: »Fffff-ffff-ff-ffff-f«. Die Zigarette verglimmt und Alois erzählt zwischen Zigarettenzügen und melodielosen Liedern seine Geschichte. Langsam, mit großen Pausen, so als wolle er immer wieder fragen: »Bin ich denn wirklich so wichtig?«

Ich bin 1934 geboren, hier in diesem Haus auf dem Hochfeld. Ich war der kleinste von neun Geschwistern, das Nesthäkchen. Aber behandelt haben sie uns damals deswegen auch nicht anders. Verzogen hat dich da keiner.

Das Haus hat mein Großvater gebaut. Seitdem hat sich nicht viel verändert. Wozu auch?

Mit meinem Vater habe ich mich oft zerkriegt. Der hat sich nicht eine Minute stillhalten können. Uns hat er immer Arbeit angeschafft. Was mein Vater gesagt hat, das hat man machen müssen. Auch meine Mutter. Die hat daheim überhaupt nichts zu sagen gehabt, obwohl sie eine nette Frau war. Und Geld hat er ihr nie gegeben, keine einzige Mark. Um alles betteln hat sie müssen.

Schön haben wir es nicht gehabt mit dem Vater. Wenn wir was ausgefressen hatten, hat er uns in den dunklen Keller gesperrt, ohne eine Kerze oder eine Lampe. Eine Stunde mindestens. Der kannte da gar nichts. Wir haben immer probiert, dass wir vom Kellerloch rausschlüpfen, aber das hat nicht funktioniert.

Mein Vater hat auch keine Ausbildung gehabt. Der hat von der Landwirtschaft leben müssen. Bei uns daheim war das Geld immer knapp. Milch, Butter, Eier, Getreide, Kartoffeln und Brot haben wir selber gehabt. Ab und zu hat mein Vater auch ein Schwein geschlachtet. Das hat er auch für andere Bauern gemacht und das war ein kleines Zubrot für uns.

Früher ist alles mit der Sense gemäht worden – auch die großen Wiesen. Das war eine Schinderei. Als Bub hab' ich schon mähen müssen, das war hart. Rechen, wenden, rechen, wenden, so ist die Arbeit dahingegan-

gen, bis das Heu trocken war. Und dann das Aufladen mit der Heugabel auf den Wagen – das war schwer für uns Kinder.

Als Kind habe ich schon immer gern »gemachelt« also mit Holz gearbeitet, eine kleine Kreissäge habe ich selbst gebaut und einen kleinen Wagen aus Holz. Am liebsten wär' ich Schreiner worden, aber da hat daheim das Geld nicht gelangt. Damals musste man ja für eine Lehre bezahlen und wo soll das Geld herkommen bei neun Kindern?

Da habe ich mich zu einem Bauern verdingt mit 18 Jahren. Bei dem musste ich die ganze Landwirtschaft machen, weil der Bauer Holzhändler war und fast nie daheim war. Ich bin mit den Pferden im Holz gewesen, habe geackert, Heu heimgefahren – das war nicht so schlecht. Mich hat das interessiert.

Ich hab' mir nie als Kind gedacht, dass ich als Jüngster mal im Elternhaus bleiben werde. Der Vater hat einfach entschieden, wer das Haus kriegt. Zwei Brüder sind im Krieg gefallen und da ist er auf mich gekommen. Die Mutter hat ja sowieso nichts zum Sagen gehabt.

Unsere vier Söhne, da hat ein jeder sein eigenes Haus. Wenn wir sterben, werden sie mein Elternhaus mal verkaufen und das Geld aufteilen. Die wollen doch ganz anders wohnen wie wir jetzt, komfortabel mit Toilette, Bad und Heizung – das haben wir ja alles nicht. Nein, wenn wir tot sind, dann wird das Haus bestimmt abgerissen.

Zucker

Apfelblüte

In Hilgenreith sind die Bäume aufgeblüht. Hundertfach leuchtet es weiß und rosa aus Annis Obstgarten, bis zu ihrem Haus hinauf. Ein Ereignis, das die Japaner mit dem Hanami-Fest begehen, bei dem die Schönheit und Vergänglichkeit der Kirschblüten gefeiert wird. Aber anders als die Asiaten legen Anni und Alois in dieser Zeit keine Sitzdecken unter ihre Bäume, schenken kein Bier aus und zitieren auch keine Gedichte. Nein, für die Anni sind die Blüten vor allem die ersten Zeichen dafür, wie gesund ihre Bäume sind und ob ihre Veredelungskünste Früchte tragen werden.

Die Anni ist eine Meisterin, ein Profi in der Apfelzucht. Sie gilt als *die* »Veredelungskünstlerin« mit Spitzengefühl und einer hundertprozentigen Erfolgsquote. Deshalb klingelt von Anfang April bis Ende Mai ihr Telefon auch fünf- bis zehnmal am Tag. Obst- und Gartenbauvereine sind dann dran, Privatleute, Apfelbegeisterte. Sie stammen aus ganzen vier Landkreisen, nämlich Grafenau, Regen, Deggendorf und sogar Passau. Die Anrufer brauchen Rat, meist tatkräftige Hilfe vor Ort – die die Anni dann unentgeltlich leistet, nur für ihre Edelreiser nimmt sie ein winziges Taschengeld. Reiser, das sind abgeschnittene, zentimeterlange Triebe von Edelsorten, die zum Veredeln auf andere Obstbäume – die »Unterlagen« – gepfropft werden. Über fünfhundert davon hat Anni letztes Jahr auf niederbayerische Bäume gepfropft und auch heuer geht ihr Material schon zu Ende.

»Ring-ring-ring«, der nächste Anrufer. Doch die Anni winkt schon beim ersten lauten Klingeln entmutigend ab: »Das müssen sie sich früher überlegen, wenn ich kommen soll. Da kann man doch nicht anrufen, wenn die Saison fast vorbei ist«, sagt sie fast empört. Nein, die Anni hat für das Veredeln richtiggehende Anmelde- und Wartelisten, denn für solche Ausflüge muss sie sich Zeit nehmen – auch ihr Obstgarten braucht seine Gärtnerin.

Das Veredeln hat die Anni mit acht Jahren von ihrem Stiefvater gelernt, weil der mit seinem steifen Arm einen Helfer brauchte. Bis heute – so schätzt sie – hat sie unglaubliche drei- bis viertausend Bäume veredelt. In ihrem eigenen Garten stehen fast sechzig Bäume, auf denen durch ihre Veredelungskünste jeweils drei bis 15 Sorten wachsen. So besitzt die Anni über 120 Apfelsorten, dreißig Sorten Birnen, zehn Sorten Kirschen und zehn Sorten Pflaumen.

»So wie andere Teller oder Briefmarken sammeln, so sammel' ich vor allem Apfelsorten«, kommentiert die Anni ihre Leidenschaft trocken. »Da brauch' ich wenigstens das Haus nicht vollstellen mit unnützem Zeug, sondern hier draußen im Garten habe ich Platz.« Hier hat sie eine Pflanzensammlung geschaffen, eine, die lebt, die wächst und die sich auch jedes Jahr durch das Wetter verändert – anders wie ein Glasschrank voll alter Porzellanteller. Und es gibt noch viel zu sammeln für die Anni, denn allein in Deutschland sind über 1500 Apfelsorten dokumentiert; an die meisten kommt man aber nur über Umwege heran. Im normalen Gartengeschäft werden in der Regel bloß dreißig bis vierzig Apfelsorten angeboten. Wer keinen Garten hat, kann im Supermarkt oft nur noch fünf der ursprünglich 1500 Apfelsorten kaufen. Sogar dabei dominieren noch einmal die drei Sorten »Golden Delicious«, »Jonagold« und »Red Delicious«, die über siebzig Prozent des deutschen Apfelmarktes ausmachen. Eine Ödnis, eine Wüste des Geschmacks und der Formen für Anni.

Von ihrem großen Obstgarten malt die Anni sich alle paar Jahre einen neuen Plan – ein riesiges unhandliches Papier, mehrfach zusammengeklebt, das fast einen Meter breit und einen Meter hoch ist. Nur mit Kugelschreiber und ohne Lineal hat sie dort fein säuberlich alle Obstsorten eingetragen, die sie angepflanzt oder veredelt hat. »Langsam kann ich mir einfach alles selber nicht mehr merken«, rechtfertigt die Anni die papierene Gedächtnisstütze. Und noch einen Grund gibt es für diesen Plan, einen nicht ganz unwichtigen: »Den habe ich auch für die Nachwelt gemacht, denn wenn ich nicht mehr bin, weiß ja niemand mehr, was hier im Garten steht.« Wie jeder Sammler weiß die Anni um den Wert und die Besonderheit ihrer Schätze und möchte sie für kommende Generationen aufbewahren.

Ab und zu, wenn wieder Schaulustige in ihrem Garten sind, zieht die Anni den neuesten Plan lässig aus der Schürzentasche. Sie faltet ihn auseinander – was oft nicht einfach ist, weil im Garten immer ein ziemliches Lüftchen weht – und beginnt wie eine Professorin der Obstkunde mit einem Vortrag über ihren Park und ihre Welt des Apfelbaus.

Ihr Zeigefinger rutscht dabei langsam über den großen Plan, der etwas krumm und schief gezeichnet ist, denn so genau, so pedantisch ist die Anni auch wieder nicht. Ob »Opal«, »Florina«, »Luna«, »Topaz«, »Gravensteiner« oder »Pillnitzer Stein« – über jede Sorte weiß die Anni etwas zu erzählen: wie sie blüht, ab wann man die Früchte essen kann und wie sie schmecken. »Mich interessieren einfach die Äpfel«, erklärt die Anni ihre Leidenschaft, »wie sie ausschauen, wie lange sie halten, einfach alles. Und alles, was es an neuen Apfelsorten gibt, das muss ich gleich haben. Und dann muss ich austesten, ob die das auch in unserem harten Klima aushalten.«

Vielleicht haben es die Äpfel der Anni ja deshalb angetan, weil sie die so gern isst. Sechs Stück täglich sind für sie normal, der Alois dagegen mag höchstens drei pro Woche. Und für ihre Hennen braucht die Anni lagerfähige Äpfel – mindestens ein- bis eineinhalb Zentner, die sie im Winter in das Futter ihrer Zöglinge mischt.

Langsam wandert die barfüßige Apfelspezialistin jetzt den kleinen Hang hinunter zu ihren »Neulingen«. Einer davon ist die Sorte »Pillnitzer Stein«, über die sie sich besonders amüsieren kann. »Der ist so hart, mit dem kann man am Hausdach Ziegel einwerfen«, lacht sie, während sie neben dem Bäumchen steht, das solche Granaten hervorbringt. Geerntet wird dieser Winterapfel im Herbst, aber er ist erst ab Februar genießbar. Dafür kann man ihn dann bis Juni lagern – fast bis zur nächsten Apfelernte. Eine dankbare Sorte.

Weniger überzeugend ist da die alte Apfelsorte »Jakob Fischer«, die aus dem ehemaligen Königreich Württemberg stammt. Der kleinwüchsige Bauer und Schuhmacher Jakob Fischer entdeckte um die Jahrhundertwende ein besonderes Apfelbäumchen im benachbarten Wald und pflanzte es in seinen Garten. So gelang ihm die Zucht einer neuen Sorte, die seit 1912 von allen Obst- und Gartenbauvereinen anerkannt wird – allerdings nicht von der Anni. »Der wird ja schon am Baum oben faulig«, zeigt sie empört auf ihr klägliches kleines »Jakob Fischer«-Bäumchen, das jetzt zwar zartrosa Blüten hat, sie im Herbst aber wieder mit leicht verderblichen Früchten quälen wird. »Heuer, wenn die Äpfel wieder nichts werden, dann wird er geköpft, dann kommt er weg.« Da kennt die Anni nichts.

Und weil sie ein durch und durch wissbegieriger Mensch ist, kennt die Anni Pomologen, Apfelexperten, aus ganz Nieder- und Oberbayern, mit denen sie fachkundige Gespräche führen kann. Sie hat zwar wenig Schulbildung genießen dürfen, aber auf ihren Gebieten macht ihr keiner was vor. Und wer sonst kauft sich bei der kleinen Rente schon zu Weihnachten ein fast 100 Euro teures Buch über Obstsorten, das Kultbuch des berühmten Apfelpfarrers Korbinian Aigner? Das tut nur die Anni. Korbinian Aigner übrigens war eine charismatische Figur im bayerischen Obstbau und ein vehementer Gegner des Naziregimes. Sogar als dieser bereits im KZ Dachau inhaftiert war, pflanzte er noch Apfelbäume zwischen den Baracken; ihm gelangen dort neue Züchtungen wie die Äpfel »KZ-1«, »KZ-2«, »KZ-3« und »KZ-4«. Später, in den 80er-Jahren, wurde die Züchtung »KZ-3« ihm zu Ehren »Korbiniansapfel« benannt.

Natürlich wächst auch dieser goldgelbe Apfel in Annis Garten. Der berühmte Spruch von Martin Luther: »Wenn ich wüsste, dass morgen der Jüngste Tag ist, würde ich heute noch ein Apfelbäumchen pflanzen«, der ist der Anni wie auf den Leib geschnitten. Die vielen Sortennamen hat sie sorgfältig auf Aluminiumblättchen geschrieben, die sie mit einem Draht an den Bäumen befestigt. Obwohl eines davon 30 Cent kostet, leistet sich Anni den Luxus der unverwüstlichen Schildchen, um sich zu orientieren. Über hundert hat sie heuer beschriftet und ihre Apfelbäumchen schauen damit lustig aus, wie Weihnachtsbäume, die mit zu dick geratenem Lametta behängt sind. Und wenn der Wind geht, dann tanzen diese Blättchen mit ihren vielen Namen einen

Walzer der Apfelsorten oder eine Polka von Annis Apfelleidenschaft.

Die vielen Schilder braucht es auch, um beim Veredeln den Überblick zu behalten. Veredeln ist wichtig. Ohne diese Technik müsste die Anni unzählig viele Bäume in ihren Garten pflanzen, um ähnlich viele Obstsorten zu züchten. Und ohne das Veredeln wäre die Bestäubung auch viel schlechter. Vor allem bestäuben sich, wenn die Bienen zu wenig fliegen, veredelte Bäume durch den Wind gegenseitig und der Ertrag ist besser.

Annis Liebling ist ein großer Apfelbaum, der mitten im Garten steht und im Herbst 14 verschiedene Sorten tragen wird – das Meisterwerk einer »Veredelungskünstlerin«. »›Eisapfel‹, ›Gerlinde‹, ›Glockenapfel‹, ›Ravenna‹«, rattert die Anni ihre Sorten herunter, während sie bei diesem Apfelbaum steht, der über und über mit Blüten übersät ist. Für einen Unkundigen klingen diese Namen nur wie ein Sammelsurium von nichtssagenden Wörtern, für Anni aber sind diese Sortenbezeichnungen ihr ganzer Stolz, ihre Welt, in der sie täglich lebt. »›M9‹, ›M16‹, ›Gisela-5‹«, rattert sie weiter, jetzt ist sie bei den verschiedenen Unterlagen angelangt, auf denen sie ihre Edelreiser aufpfropft.

Zwischen den vielen Blüten steht die Anni, wieder mal ohne Schuhe, mit nackten Armen und einer dunkelblau gemusterten Schürze. Auf der Nase sitzt ihre dicke Omabrille, die sie je nach Bedarf nah an die Augen schiebt oder etwas auf die Nase rutschen lässt, um über die Gläser schauen zu können. In der Hand hat sie ihr geliebtes Teppichmesser – ihre Allzweckwaffe fürs Veredeln, um Hühnern den Kopf abzusäbeln oder einen reifen Apfel auseinanderzuschneiden.

Stolz führt sie ihre Kunst vor, souverän setzt sie einen Schnitt in die Rinde eines Zweiges. Auch den dünnen Edelreiser schneidet sie an und legt dann die beiden offenen Stellen aufeinander, schließt die Rinde wieder über dem eingefügten Reiser und verbindet die frische Veredelungsstelle mit einem speziellen Plastik. Auf keinen Fall dürfen Keime oder Bakterien bei dem Vorgang dorthin gelangen, sonst wächst der Reiser nicht an.

Wenn die Anni veredelt, dann ist das eine Erfolgsgarantie: Bei ihr treibt nach 14 Tagen jede behandelte Stelle wieder aus. Und deshalb züchtet sie auch für Leute, die sie kennt, kleine Buschbäume, an denen sie mehrere Sorten aufgepfropft hat. Ein Jahr lang lässt sie die Bäumchen am Rande ihres Gemüsebeetes stehen, bis sie von ihren »Kunden« ausgegraben und abgeholt werden.

»Mich hat das immer interessiert, der Garten und die Tiere«, erzählt die Anni und blickt von ihrem Obstgarten aus über ihr Reich. »Sonst hätte ich als junge Frau gleich in München bleiben können, wo ich damals angestellt war.« Doch in der Großstadt hat die Anni sich eingesperrt gefühlt; in der Einöde oder in der »Einschicht« – wie sie es nennt –, da ist sie zwar mit dem Alois allein, aber sie kann tun und lassen, was sie will. »Da hast du den richtigen Platz erwischt«, nickt der

Alois, denn er weiß, dass sie ohne ihre Hennen, ihre Pflanzen und Blumen nicht glücklich wäre.

Den Gartenplan in der linken Schürzentasche, die Veredelungsutensilien in der rechten, steht die Anni vor dem Haus, ihrer Heimat in den letzten fünfzig Jahren. Und auch wenn sie heute ein überzeugtes Landei ist, denkt sie gern an ihre Zeit in München zurück, an ihre Erlebnisse als junge Frau, an das Abenteuer »Großstadt«. Dann setzt sie sich auf die hölzerne Bank bei den Gemüsebeeten und erzählt:

Im Bayerischen Wald gab es in den 50er-Jahren für junge Leute überhaupt keine Möglichkeit zu arbeiten. Es war kein Geld da, keine Arbeitsplätze, rein gar nichts. Der Bayerische Wald war damals das »Armenhaus Bayerns«. Fast alle aus meiner Klasse mussten in Städte wie München, Augsburg, Würzburg oder sogar Berlin zum Arbeiten gehen. Zurückgekommen ist fast keiner mehr …

Mit 15 war ich klein, dick und fleißig. Gelernt hatte ich das Hauswirtschaften, und zwar richtig, in der Klosterschule Neuhaus bei Passau. Ich wäre dageblieben, ich wäre auch ins Kloster gegangen, aber daheim war das Geld knapp, die Not groß. So musste ich nach München, um Geld zu verdienen.

In der Grafenauer Zeitung habe ich dann eine Anzeige gelesen: »Älteres Ehepaar aus München-Stockdorf sucht Hausmädchen. Fleißig und anständig, Lohn 30 Mark monatlich.« Denen habe ich geschrieben und sie haben beim Dorfvorsteher ausrichten lassen, dass ich so schnell wie möglich kommen soll.

Mit einem einfachen grauen Kleid, das ich mir selbst genäht hatte, bin ich eine Woche später in München angekommen. Direkt am Hauptbahnhof. Das war ein Gewusel, da ist mir fast schwindlig geworden. Die vielen Leute, das Geschrei, die Schaufenster, die hohen Häuser. Eine ganz andere Welt wie die aus dem Bayerischen Wald. Viel lauter und hektischer, und so viele Straßen und Steine.

Nach Stockdorf bin ich dann zu Fuß gegangen, mit dem kleinen Koffer in der Hand. 17 Kilometer bin ich gelaufen, aber von zu Hause war ich das weite Gehen gewöhnt. Und da gab es viel zu schauen: der Stachus, das Münchner Rathaus, der Alte Peter und auch bei der Bavaria an der Theresienwiese bin ich vorbei. Der habe ich zugewunken und »Grüß Gott« gesagt. Die kannte ich ja schon aus unseren Schulbüchern.

Das ältere Ehepaar, das die Anzeige aufgegeben hatte, hat mich bereits erwartet. Die waren gleich von Anfang an sonderbar. Kinder waren keine da, er hat geweibert und sie hat den ganzen Tag geeifert. Ein »schönes« Pärchen. Bei denen war ich Hausmädchen und musste putzen, waschen und kochen, den ganzen Tag. »Danke« hat da keiner gesagt.

Mein Zimmer hatte ich auf dem Dachboden. Aber das Dach war alt und marode, da hat es sauber reingeregnet. Im Winter bin ich dann einmal mitten in der Nacht aufgewacht. Gezittert habe ich am ganzen

Körper, weil mir so kalt war. Bis über die Nase habe ich mir die Decke raufgezogen. Da habe ich gesehen, dass mein Bett voller Schnee war, über und über. Denn in der Nacht hatte es zu schneien begonnen. Den beiden

Anni und Alois bei ihrer Hochzeit 1961

war das aber egal. Die hatten das Haus nur gepachtet und wollten nichts mehr reparieren. Um mich haben sie sich nicht gekümmert, Hauptsache, bei ihnen in der Wohnung war es warm.

Mit 16 Jahren bin ich dann an das Ausbildungszentrum für die Bauindustrie in Stockdorf gekommen. Da bin ich sechs Jahre geblieben. Dreihundert Leute haben da gewohnt, das waren für mich 56 Doppelfenster, dreißig Wasserhähne, acht Flügeltüren, der große Speisesaal, der Lehrsaal, das Zimmer vom Chef, vier Schlafsäle und die großen Gänge zum Putzen. Ich hab' den ganzen Tag nur geputzt. Und jeden zweiten Sonntag habe ich mit der Köchin kochen müssen.

Aber wenigstens habe ich ein eigenes Zimmer gehabt

Motorradfan Alois

mit einem eigenen Ofen. Da war es richtig schön warm, aber viel Zeit habe ich nicht auf dem Zimmer verbringen können, dazu gab es zu viel Arbeit. Jedes Jahr sind wir mit dem Betrieb für fünf Tage in Urlaub gefahren, nach Meran, Bozen oder Österreich. So bin ich das erste Mal ins Ausland gekommen.

In den Schulferien durfte ich nach Hause fahren, da hatte ich frei. Wenn ich heimgekommen bin, dann ist das ganze Dorf zusammengelaufen. Ich war anders angezogen, großstädtisch mit Stöckelschuhen – alles habe ich gerade extra gemacht. Fingernägel und Lippen habe ich rot angestrichen, das hatten die bei uns noch nie gesehen. Und die Weintrauben, Bananen, Orangen und Mandarinen aus der Großmarkthalle, die wollten alle probieren. Die gab es damals nicht zu kaufen in unserer Gegend.

Heimweh hatte ich in München nie – nein, so schön haben wir es daheim nicht gehabt, da gab es auch nur einen Haufen Arbeit. Mit 24 wurde ich dann Haus- und Kindermädchen bei der Firma Strasser in München. Die haben mit Autos gehandelt und waren sehr vermögend. Dauernd sind sie mit dem eigenen Flugzeug rumgeflogen. Für ihre Tochter Rosi, die acht Jahre alt war, hatten sie keine Zeit. Für die war ich die Aufpasserin. Mir haben sie den Hausschlüssel gegeben und gesagt: »Wenn die Rosi schläft, dann können Sie heimgehen.« Aber die Rosi war nicht blöd, die hat genau gewusst, wenn sie schläft, dann gehe ich heim. Jetzt ist das Kind nie eingeschlafen und ich habe meist bis Mitternacht bei ihr bleiben müssen, bis die Eltern von der Oper oder den Konzerten da waren. Mein kleines Zimmer hatte ich in Oberwiesenfeld, das waren noch zwanzig Minuten Fußmarsch im Dunkeln und am nächsten Tag hab' ich in der Früh um halb sieben wieder da sein müssen, um das Mädchen für die Schule fertig zu machen.

Das letzte Jahr in München habe ich noch in der Geisenhofer-Klinik in Schwabing gearbeitet. Da habe ich sogar einen Schwesternhelferinnenkurs gemacht. Aber Erholung war das keine. Meistens war ich im Keller, wo sie die Sterbenden in kleine Zimmer geschoben haben. Da haben sie dann mich hingesetzt. Sie hatten Angst, ich hatte keine – das haben die gemerkt. Nacht für Nacht bin ich dagesessen, da habe ich einiges gesehen. Aber ich war das von daheim gewohnt: Schon als Kind bin ich mit meiner Tante, einer Leichenfrau, mitgegangen. Der musste ich helfen, die Verstorbenen schön anzuziehen. Angst habe ich schon damals keine gehabt.

Mit 25 Jahren bin ich dann wieder zurück in den Bayerischen Wald. 1961 habe ich den Alois geheiratet. Der kannte sich auch in München aus, der hat dort im Winter auf Großbaustellen gearbeitet als Akkordmaurer. Aber, ob es ihm gefallen hat, das weiß ich nicht.

»Mich hat das schon interessiert, wie ich da gearbeitet habe«, wirft der Alois nach Annis langem Monolog ein. »Da bin ich oft rummarschiert in München«, schiebt er noch leise nach. Beide sitzen jetzt auf der hölzernen Hausbank, mit Blick auf die Bergkette des Bayerischen Waldes. Der Alois hat sich in Ruhe eine Zigarette angezündet und lehnt mit dem Oberkörper entspannt an der Bank, die Beine übereinandergeschlagen. Der Wind treibt den Zigarettenrauch direkt zur Anni rüber, die dagegen aber schon abgehärtet ist. Sie rümpft nur etwas die Nase und sagt abfällig: »Den ganzen Tag der Verkehr, das Gerattere, der Benzingestank«, das war die »Großstadt« auch für die Anni. Da blickt sie lieber auf Hunderte von weißen und rosa Blüten in ihrem Garten, denen der Wind schon die ersten Blütenblätter auszupft und die er durch den Garten treibt. Eine weiße Welle des Frühlings, die durch die Bäume wogt.

»Ja«, meint der Alois, nachdem er lange nachgedacht hat: »Es kann sein, dass es keine so gesunde Luft nicht ist wie bei uns. Die Abgase – so rein kann die Luft in der Stadt nicht sein.« Da nimmt er lieber noch einmal einen tiefen Zug, inhaliert ihn und sagt leise vor sich hin: »So wie wir es hier haben, ist es richtig. Aus. Amen.«

Die Wetterbeobachterin

»So, jetzt pritschelt es schon wieder«, seufzt Alois, während er an seiner Zigarette zieht und lange aus dem Fenster schaut. Der ganze Mai war bis jetzt regnerisch, kühl und unangenehm. So kalt, dass der einzige Ofen in der Stube heute angeheizt werden muss. Heute, am 18. Mai, ist es sogar dermaßen frisch, dass selbst die Anni gern Hausschuhe anzieht, allerdings haben die an den großen Zehen riesige Löcher: »Da kann wenigstens vorne die Luft raus«, sagt sie mit einem spitzbübischen Lächeln und setzt sich an den Tisch, während der Alois seinen Stammplatz auf dem Sofa wieder eingenommen hat. Beide können heute im Garten nichts arbeiten, selbst die Hennen wollen lieber im Stall bleiben. »Hergehen tut es wie im Winter«, sagt die Anni und blättert nachdenklich in den Wetteraufzeichnungen, die vor ihr liegen. Elf große Jahreskalender hat sie inzwischen mit ihren Beobachtungen gefüllt. Denn jeden Tag, gleich nach dem Aufstehen, zieht es die Wetterprophetin zu ihrem Thermometer am Gartenzaun – und abends vor dem Schlafengehen wiederholt sie die Prozedur. In die Kalender, die sie jedes Jahr vor Weihnachten im Supermarkt geschenkt bekommt, trägt sie dann die jeweilige Temperatur und Witterung des Tages sorgfältig ein.

Erst am Sonntag, wenn sie viel Zeit hat, setzt sie sich dann hin und vergleicht eine ganze Woche Wetterbeobachtungen mit den vorhergehenden Jahren. »18. Mai 2007«, fängt sie an vorzulesen, mit ihrer dicken Brille auf der Nase, »war es heiter und 18 Grad und 2008 waren 14 Grad und es hat geregnet. Heuer ist es am kältesten am 18. Mai«, resümiert die Anni. Und der Alois nickt vom Sofa anerkennend: »Wie du das so aufschreibst, alle Tage.« Über den Mai 2010 hat der Kalender wenig Gutes zu berichten. Wie eine Litanei betet die Anni das Wetter von damals herunter: »Regen, Regen, Ostwind, Regen, Ostwind, Regen, ein Tag heiter, bedeckt, Ostwind, Regen, bedeckt, wieder Regen«, so hat sie es aufgeschrieben. Ungläubig schüttelt Alois den Kopf: »Die Jahre werden mit der Witterung immer schlechter, das ist die Klimaveränderung.« »Ja«, sagt die Anni, »heuer spinnt das Wetter auch schon den ganzen Mai.«

Auf den Wetterbericht vom Radio oder vom Fernsehen hält die Anni gar nichts. Sie hört ihn zwar pflichtbewusst an, aber nimmt ihn nicht ernst. »Heute haben sie auch im Radio gesagt, dass es heiter und sonnig wird«, erzählt sie und schaut verächtlich aus dem Fenster, wo sich eine neue Regenfront zusammenbraut. »Ich glaube, denen hat es noch nicht reingeregnet in ihr

Zimmer.« Und dabei muss sie schon wieder lachen, denn wer kann denn schon ernst bleiben, wenn die offiziellen Wetterfrösche mal wieder hundertprozentig danebenliegen? Der Anni passiert das bestimmt nicht, denn sie schwört auf ihr altes treues Barometer, das in der Stube hängt. Auf das ist immer Verlass. Wenn das Barometer steigt, dann weiß die Wetterbeobachterin, dass es schöner wird. Geht es runter, dann regnet es. Und die Anni hat noch ein paar sichere Helferlein bei ihren Wettervorhersagen: ihr Schwalbenpaar im Hühnerstall. Fliegt es tief, dann wird die Witterung schlecht. Fliegt es hoch, kommt endlich wieder gutes Wetter. »Die richten sich nach dem Ungeziefer, das sie fressen«, erklärt sie kundig und blättert weiter in ihren Aufzeichnungen. Inzwischen ist sie in ihren Kalendern beim Juni vom letzten Jahr angelangt: »Gewitter am 2. Juni, Regenschauer. Wieder Gewitter am 11. Juni. Da ist öfters eines gewesen, letztes Jahr, 26., 27. auch wieder Gewitter, 29. Gewitter und am 30. Juni schon wieder.« – »Da muss es immer warm gewesen sein«, wirft der Alois erstaunt ein und schaut die Anni fragend an. »Ja, zwischen 27 und 30 Grad«, weiß die Wetterkundige. »Wenn es recht heiß ist, dann kommen danach die Gewitter.«

Und wenn es in Hilgenreith kracht, dann richtig. Das alte Haus, in dem Anni und Alois wohnen, steht direkt über einer Wasserader, sozusagen ein Magnet für Blitze. »Wenn es bei uns blitzt, dann funkt es oft so dabei, dass man richtig den Schwefel riecht«, erzählt die Anni über ihr Haus. Einmal, am 20. Mai 1993, wären sie dabei fast ums Leben gekommen. An diesen Tag erinnern sich beide noch wie gestern und sie werden auch nie müde, davon zu erzählen. Damals haben die beiden ausnahmsweise eine Versammlung im Dorf besucht. Es war ein klarer, heiterer Tag, als sie von zu Hause weggingen. Vielleicht hatten sie auch deshalb vergessen, daheim ihre wenigen elektrischen Geräte auszustecken, wie den Fernseher oder die Brutapparate für die Küken. Schnell und unvorhersehbar zog ein starkes Gewitter auf – mitten während der Versammlung. »Als wir wieder heimkamen, war alles kaputt in der Stube und die Mauer war kohlrabenschwarz«, erzählt die Anni. Der Fernseher, die Brutapparate, die Lampen – völlig zerstört. In den Brutapparaten auf dem Dachboden – alle Eier schwarz, allesamt verbrannt. »Da wird es gekracht haben, o je«, sagt der Alois und pfeift nachdenklich vor sich hin. Auch die Anni macht eine kleine Pause und sagt beeindruckt: »Der Elektriker hat gesagt, daheim wenn wir gewesen wären, dann wären wir mit Sicherheit mausetot gewesen.«

Seitdem hat die Anni vor Gewittern einen Heidenrespekt. Nichts kann sie normalerweise beunruhigen, aber wenn sie Gewitterwolken gen Abend am Himmel sieht, dann ist sie innerlich angespannt. Den ersten Blitz, er kann so weit weg sein, wie er will, die Anni wird ihn sehen. Denn in einer solchen Sommernacht schläft sie – so sagt sie – »wie ein Fuchs«. Sobald sich ein Gewitter ihrem Haus nähert, weckt sie ihren Alois auf. Dann ziehen sich die beiden alten Leute mitten in der Nacht an und richten sich eine Reisetasche mit Kleidung her. Den kleinen Koffer mit ihren Dokumenten und Papieren holen sie unter dem Bett hervor und stellen ihn daneben. Und dann warten sie, Alois und Anni, während es draußen donnert und kracht. Sie

warten ab, ob sie das Haus verlassen müssen, bevor der finale Blitz einschlägt – bereit, ihr Leben zu retten.

»2006, da hat es bei der Sylvia im Dorf eingeschlagen, am 20. Juli«, auch das hat Anni sich in ihren Wetterkalender geschrieben. »Sie war nicht zu Hause und der Dachstuhl ist völlig ausgebrannt«, erinnert sie sich und schüttelt dabei den Kopf: »Nein, mit den Gewittern habe ich es nicht so.« Alles, alles andere, mit dem kommt sie zurecht, das macht ihr nichts aus – außer den unberechenbaren Sommergewittern.

Um von diesem unangenehmen Thema wieder abzulenken, berichtet Anni weiter von ihren »normalen« Wetterbeobachtungen. Neben ihrem Barometer und ihrem Schwalbenpaar schätzt sie auch den Wind als Wetterindikator. Aus welcher Himmelsrichtung er kommt, sagt ihr, welches Wetter er bringen wird. Bei Nordostwind, so hat die Anni immer wieder erlebt, kommt Kälte. Bei Südwind kündigt sich Regen an. Aber bei allen Wetterregeln hat Anni eines gelernt: »Der eine sagt so, der andere so. Und dann muss man sehen, wie es kommt.«

Und weil auch der Alois zwischendurch etwas sagen mag, stellt er fest: »Wenn das schlechte Wetter sich verzieht, dann wird es schön.« Der kleine Witz bringt Anni zum Schmunzeln, obwohl sie ihn sicher schon oft gehört hat. Dem Alois zuliebe aber lacht sie gern über seine hintersinnigen Bemerkungen.

»Draußen schaut es her wie in Sibirien«, sagt die Anni und klappt ihre Kalender zu. Dunkle Regenwolken hängen über dem Bayerischen Wald, der heute noch finsterer wirkt wie sonst. Der Mai bleibt verregnet, die Anni seufzt. Ihr Garten, ihre Pflanzen sind winzig, für die Jahreszeit zu klein. Das Gartenjahr fängt schon schlecht an – denkt sie sich. Und zum Alois lacht sie hin und sagt: »Das wird ein gutes Jahr – aber nur für das Gras.«

Hühnerleben

Im Mai piept es in der Stube von Anni und Alois. »Fiep-fiep-fiep«, dieses leise Geräusch begleitet den Alltag der beiden nun ständig. Und wenn sie Holz brauchen, um den Küchenofen nachzufeuern, dann müssen sie in den Gang gehen, um es zu holen. Denn die große Schublade im Ofen gehört jetzt Annis Zöglingen: kleine flauschige Knäuel, junge Küken, die in Hilgenreith geboren wurden.

Ihre Küken sind – neben den Pflanzen – der ganze Ehrgeiz von Anni. Nicht umsonst stehen in der Stube mehrere Pokale und Wimpel, mit denen sie für ihre vorbildliche Geflügelzucht ausgezeichnet wurde. Einmal im Jahr züchtet die Anni selbst Hennen nach und legt rund 250 Hühnereier in ihre alten Brutapparate, die sie auf die verschiedenen Schlafzimmer im ersten Stock verteilt. Drei Wochen lang muss sie die Eier zweimal täglich wenden, einmal davon um halb 6 Uhr morgens. Nach einigen Tagen durchleuchtet sie mit einer speziellen Taschenlampe ihre Eier. Ein spannender Moment für die Hühnerzüchterin: Wenn Blutadern zu sehen sind, ist Annis Rechnung aufgegangen, dann wächst neues Leben in dem Ei.

Nach drei Wochen ist es schließlich so weit: Die Nacht der Geburt bricht an. Für den Alois meist eine schlaflose Nacht, denn das laute Kratzen und Picken gegen die Eierschale hindert ihn am Durchschlafen, während die schwerhörige Anni gemütlich weiterschlafen kann. Fünfzig Küken sind heuer so im Mai geschlüpft und ihre ersten Lebenstage verbringen sie in der Ofenschublade. Dort ist es besonders warm und förderlich für die Kleinen, vor allem weil der verfrorene Alois bekanntermaßen gern nachheizt.

In der Schublade findet man nicht nur gelbe Küken, nein, es gibt auch schwarze, gestreifte, hellbraune oder mittelbraune. Denn die Durchschnittshenne interessiert Anni nicht, auch hier gefällt ihr das Besondere: Mitten im Bayerischen Wald züchtet sie exotische, südamerikanische Rassen und französische Marans. Und so kann man bei der Anni nicht nur braune und weiße Eier kaufen, sondern genauso grüne – von den schwanzlosen Araucana-Hühnern. Ihnen wird nachgesagt, dass sie besonders wenig Cholesterin enthalten.

Während die Anni ihre Küken etwas unsanft aus der Schublade holt und ihren Gesundheitszustand überprüft, erzählt sie von ihrer Hennenleidenschaft:

Ich hab' die Hennen als Kind schon gern mögen. Ich bin drei Jahre alt gewesen, da hab' ich mir ein' Haufen Eier in ein Nest im Hühnerstall, da wollte ich mich drauf-

setzen und es ausbrüten. Bis die Mama es bemerkt hat, dass ich da Eier drinnen habe, dann ist sie wütend geworden. Die waren gleich weg, die Eier.

Später habe ich einen Puppenwagen geschenkt bekommen. Mit dem bin ich rumgefahren. Die Nachbarin hat mich gesehen und gefragt: »Wo hast du denn deine Puppen?«, dann habe ich gesagt: »Schau rein!« Da hat sie gesagt, nachdem sie ihren Kopf reingesteckt hatte: »Oh, du hast ja eine Henne drin.« So sehr haben mir die Hennen schon immer gefallen.

Jetzt züchte ich seit fünfzig Jahren Hennen. Zwischen siebzig und hundert Küken habe ich jedes Jahr. Da kommen alle Jahr soundsoviele alte Hennen weg und dann behalte ich mir wieder junge. Ohne Hennen – das wäre nichts.

Nach nur einem Tag Lebenszeit bekommen die kleinen Knäuel schon eine Spritze. Fein säuberlich hat die Anni sich auf dem Stubentisch ein Schnapsglas mit dem Impfstoff hingestellt. Darauf liegt die unheilvolle Spritze mit einer besonders kleinen Nadel – bereit zum Einsatz. Neben dem Tisch, gleich auf der Eckbank, hat die Anni sich praktischerweise zwei Pappschachteln mit Heu hingestellt. In die eine kommen die Küken, die es schon hinter sich haben. In der anderen warten die kleinen Piepmätze noch auf den ersten Piks ihres Lebens.

Für die Anni ist diese Impfung Pflicht, denn sie fürchtet die Mareksche Krankheit in ihrem Hühnerstall. Einmal hat sie diesen hoch ansteckenden Virus mitmachen müssen auf ihrem Einödhof. Ist einmal eine Henne damit infiziert, müssen alle anderen ebenfalls getötet werden. Die gefährliche Geflügelkrankheit lähmt das Nervensystem der Tiere oder führt dazu,

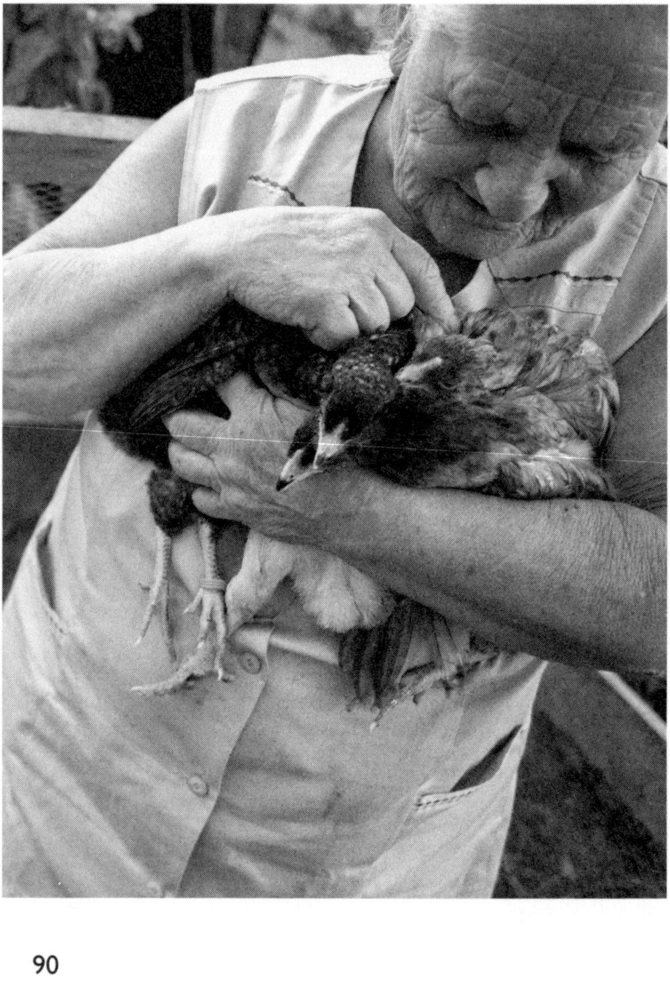

dass sich an sämtlichen Organen Tumore bilden. Ein grauenvoller Tod.

Lieber packt die Anni die etwa fünf Zentimeter großen Küken und lässt sie kopfüber baumeln. Ein Bein hält sie zwischen Daumen und Zeigefinger gnadenlos fest, in das andere jagt sie die 0,2-Milliliter-Spritze. Ein leise empörtes »fiep-fiep-fiep« irritiert sie nicht, da ist sie Profi. Und mit Schwung setzt sie die geimpften Zöglinge in die Absolventen-Schachtel. »Das reicht das ganze Leben, diese Impfung«, kommentiert die Anni noch ihr Treiben, das sie gewissenhaft mit ihrer dicken Brille und hoch konzentriert ausübt.

Nach dem ersten Schreck aber haben die Küken ein gutes Leben in Hilgenreith. Und nach vier Tagen bekommen sie ein ganz besonderes Futter – eine Mischung à la Anni. Dafür schneidet die am Küchentisch Schnittlauch, Petersilie, Löwenzahn und vor allem Brennnesseln. »In den Brennnesseln ist Silizium für das Federwachstum drin«, weiß die Anni, die immer wieder mit den Fachberatern für Geflügelzucht in Niederbayern konferiert. Das brennende Kraftfutter, allerdings, erntet die Anni mit bloßen Händen, da kennt sie nichts. »Andere legen doch Handschuhe an«, zweifelt der Alois und schaut ihr beim Schneiden zu. Das bringt Anni mal wieder zum Lachen, weil sie viele Probleme nicht hat, mit denen empfindliche Menschen oder auch »Stadterer« kämpfen. »Die Brennnesseln haben mehr Angst vor mir als ich vor ihnen«, ist sie überzeugt und schneidet die gefürchteten Gesellen so klein, wie es geht.

»Da bräuchtest du ein Wiegemesser«, springt Alois ihr helfend bei, aber Anni ist für solche luxuriösen Hilfsmittel nicht zu haben. »Was soll ich denn mit dem Schmarrn!«, ruft sie empört. Und weil der Alois sie heute noch ein bisschen mit ihren eigenen Empfindlichkeiten aufziehen will, sagt er ironisch: »Aus den Brennnesseln kannst du dir einen Tee machen.« Denn er weiß, dass Anni Tee über alles in der Welt hasst. Und schon schleudert sie ihm eine deftige Antwort entgegen: »Nein, lieber mach' ich dir einen Salat aus den Brennnesseln, der hat viel' Vitamine.«

Noch schnell ein hartes Ei klein schneiden und vermischen, dann schiebt die Anni das Futter auf einen Teller und stellt ihn zu der kleinen Kükenfamilie. Neugierig steht Alois auf und schaut, ob die Küken davon schon etwas fressen. Das Futter ist neu, ungewohnt, nur langsam wird die Vitaminbombe beschnuppert und getestet. »Ich glaub', ich muss für die Küken wieder ein bisschen Wärme machen«, sagt der Alois fürsorglich und legt noch ein Holzscheit im Herd nach. Ihm gefallen die kleinen laufenden Flaumbällchen und er nimmt sich gern mal eines aus der Schublade, um es zu streicheln: »Gell, Singei«, spricht er mit dem winzigen Wesen. Aus dem Hintergrund ruft die Anni: »Ich brauch' nur die Hennen, die Hähne werden nach drei Monaten geschlachtet.« Alois schaut noch einmal das Küken an, das ruhig in seinem Handteller sitzt. »Ich bin kein Metzger«, schüttelt er den Kopf. Die Anni dagegen hat in ihrem Leben schon über tausend Hähne mit eigenen

Händen geschlachtet. Das weiß der Alois und er weiß, dass es wieder so sein wird, wie es immer ist. »Gell, Singei«, sagt er noch mal, als ob er die Anni nicht gehört hätte, und setzt das Küken wieder zurück zu seinen Geschwistern.

Mein Kreuz!

Wenn der Satz stimmt: »In jedem Mensch steckt ein Gärtner«, dann müssen in der Anni mindestens zwei oder drei Gärtner stecken. Ab Ende April arbeitet sie täglich mehrere Stunden in ihren zwei großen Gemüsebeeten. Dann kniet sie – egal bei welchem Wetter, egal bei welcher Temperatur – mitten in der mal trockenen, mal feuchten Erde, angezogen nur mit einer leichten Schürze, großblumig und auffällig. Natürlich ist sie barfuß. Millimeter um Millimeter rutscht Anni an den fünf Meter langen Furchen entlang, wo sie ihre Pflänzchen eingräbt. Nur manchmal stören sie unerwünschte Eindringlinge. »Heh, raus da«, schreit sie dann empört und treibt ein paar vorwitzige Hennen recht grob aus ihrem Heiligtum. »Gack-gack-gack-gack«, beschweren sich die Exilanten noch lange lautstark am Gartenzaun über die entgangenen Leckerbissen, recken ihre Hälse, gaffen in den Gemüsegarten, während die Anni längst seelenruhig weiterarbeitet.

Rücksicht auf ihr »Kreuz« nimmt Anni dabei nicht, obwohl sie oft starke Schmerzen plagen. Ihre Wirbelsäule ist ein Desaster – sechs Bandscheiben, so erzählt sie, sind ganz heraus und die letzten drei Wirbel tot. Auch die siebenhundert Spritzen, die die Anni vom Doktor im Lauf der Jahre bekommen hat, sind nur ein Tropfen auf dem heißen Stein. Zur Krankengymnastik geht die Anni nicht, solch neumodischen Kram mag sie nicht. Denn sie hat eine ganz eigene Gesundheitstheorie: »Das mach' ich und geht es, wie es will«, sagt sie fast trotzig und damit ist ausdiskutiert, da wird nicht weitergeredet, sondern am Ende höchstens noch eins draufgesetzt: »Die anderen brauchen Sport, ich brauch' eben den Garten.«

Wenn es recht lange geregnet hat und die Erde sehr batzig ist, wächst auch in Annis Gemüsebeeten das Unkraut in rauen Mengen. Tagelang sitzt sie dann mit ihrer Gartenhacke in den paar Quadratmetern gezähmter Natur und kämpft gegen den unerwünschten Gast – oft bis es dunkel wird. Den Alois interessiert das Treiben in den Beeten nicht, das ist für ihn sowieso verbotenes Terrain. »Der kennt ja Unkraut und das andere nicht auseinander«, schimpft die Anni über so viel Ignoranz. »Da mach' ich lieber alles selbst, da weiß ich wenigstens, was getan ist«, schließt sie ihre gnadenlose Einschätzung ab. Die 76-Jährige baut Kartoffeln an, Salat, Radieschen, Weißkohl, Bohnen, Tabak und Tomaten – aber meist nicht in der gewöhnlichen Version: Bei der Anni müssen es natürlich alte, seltene oder von eigener Hand veredelte Sorten sein. So steckt die Anni eben nicht normale Kartoffeln in die Erde, sondern »Bamberger Hörnchen«, eine inzwischen rare Art mit sehr kleinen Früchten. Auch von den Tomaten besitzt die begeisterte Botanikerin etwa zwölf Sorten, darunter solche mit wohlklingendem Namen wie »Fantasia«, »Martina«, »Phantasia«, »Zebrina« oder »Vitella«, die sie minutiös mit winzigen Metallstiften veredelt, damit diese resistenter gegen Wurzelkrankheiten werden.

Im Supermarkt kauft die Anni kein Gemüse ein. So spart sie Geld und sie weiß, was sie isst – nämlich unbehandeltes Obst und Gemüse, echte »Bioware« angebaut in Hilgenreith. »Da weiß man doch, wo der Krebs herkommt, wenn überall am Essen Gift dran ist«, wettert die »Bio-Gärtnerin« ohne Ausbildung und Zertifikate gern gegen die konventionelle Landwirtschaft. »Ja, und weswegen sind wir so gesund? Weil wir das ganze künstliche Zeug nicht essen!«, beendet sie ihren Gedankengang.

Lieber ruiniert Anni sich beim Gärtnern ihren Rücken. Manchmal kann sie kaum mehr aufstehen, wenn sie längere Zeit auf den Knien gearbeitet hat. Aber sie lässt sich das nicht anmerken, bloß wenn sie sich wieder aufrichtet, entkommt ihr meist ein kurzes »Ah« und ihr Gesicht verzieht sich schmerzerfüllt – ein kurzer Moment von Schwäche, den sie gern schnell vorbeigehen lässt. Denn die Anni ist eine »Eiserne«. Im Bayerischen gibt es für solche wie sie das Adjektiv »hoaglbuachan«, angelehnt an den Baum Hainbuche, dessen knorriges Holz besonders schwer zu bearbeiten ist. Eine »Hoaglbuachana«, das ist eine Frau, die derb, aber unverwüstlich ist. Notgedrungen vielleicht, und so sagt die Anni wahrheitsgemäß über sich: »Wegen dem Alter kenne ich nichts, ich glaub' immer noch, dass ich fünfzig bin, so viel arbeiten kann ich.«

Aber auch der körperlich schwächere 78-jährige Alois muss noch viele Aufgaben rund um das Haus erledigen, wie Dengeln, Waldarbeit, Holz hacken, aufstapeln, Schreinerarbeiten und Reparaturen aller Art. Obwohl ihn seit fast zwanzig Jahren das »Rheumatische« plagt, schafft er es, mithilfe von Tabletten im Alter schwer körperlich zu arbeiten. »Solange wir noch einigermaßen stabil sind, machen wir halt alles«, seufzt er schicksalsergeben. Denn die vier Söhne sind längst zu Hause ausgezogen, berufstätig und haben eigene Familien. Helfen kann den alten Eltern also niemand, sie müssen alles selbst erledigen.

Alle fünf Wochen kommt die Landärztin auf den Einödhof, um nach dem Gesundheitszustand des alten Ehepaars zu schauen, aber meist lässt sich die Anni dann nicht blicken. »Ich brauch' das ganze Jahr keinen Doktor«, berichtet die Hartgesottene stolz, »bei mir würden alle Doktoren verhungern.« Ein regelmäßiger Puls, ein Blutdruck von 120 zu 70 scheinen ihr ein hohes Alter zu garantieren. Und fast alle Familienmitglieder von der Anni sind über neunzig Jahre alt geworden. Ihre Mutter arbeitete bis zuletzt, dann folgte eine schwere Lungenentzündung und ein schneller Tod. So wie ein Grabsteinspruch auf dem Friedhof in Annis Heimatgemeinde besagt: »Am Morgen ging er fort, am

Abend war er dort« – so will die Anni ihr Alter, ihr Leben einmal beschließen.

Doch auch sie hatte schon einige Unfälle und Krankheiten in ihrem langen Leben zu meistern. Sich mit dem Messer eines Motormähers tief zu verletzen, dann die unsachgemäß vom Arzt vernähte Wunde selbst zu versorgen, neu zu verbinden und am Ende die eitrige, aufgesprungene Verletzung allein mit einer Nähnadel zusammenzunähen – das sind so medizinische Horrorgeschichten à la Anni. Eigentlich unglaublich, triefend vor Blut und Eiter – nichts fehlt in den gruseligen Erzählungen, in denen sie sich als Tapfere und Unempfindliche beweisen muss. Dabei genießt sie das Schaudern des Publikums, das Staunen über ihre Nehmerqualitäten und lacht am liebsten über sich selbst, den Irrsinn der Welt und über die Arroganz der Mediziner. Die Anni, die eiserne Natur, ist eine Anarchistin der Arztpraxen und Krankenhäuser, eine, der es manchmal an Ehrfurcht vor den Göttern in Weiß mangelt.

Eine ihrer abenteuerlichsten Geschichten erzählt die Anni so: Sie geht als Erstes in die Speisekammer und holt daraus eine durchsichtige kleine Plastiktüte mit vier kleinen grauen Steinchen hervor. Die legt sie dann triumphierend vor den Zuhörer hin, mit der harmlos klingenden Frage: »Weißt du überhaupt, was das ist?« – siegesgewiss, dass dieser sowieso nie die richtige Lösung parat haben wird. Wenn der Gast dann zwischen »besonders originellen Zuckerwürfeln« oder »seltenen Gesteinsformationen aus dem Bayerischen

Wald« schwankt, kann die Anni herzlich lachen – wie ein dickleibiger chinesischer Buddha. Und mitten in diese Lachsalve hinein schnappt sie tief nach Luft und erklärt amüsiert: »So was hast du noch nicht gesehen, das sind meine Gallensteine, die haben sie mir letztes Jahr rausoperiert.« Die körpereigenen Kristalle darf man dann bewundernd anschauen und anfassen. Ein Anlass für die Anni, erst so richtig mit ihrer Geschichte loszulegen:

Magenschmerzen, richtig starke, habe ich am 25. September 2011 bekommen. Da hat sich alles zusammengezogen, ich hab' überhaupt keine Luft mehr gekriegt. Die ganze rechte Seite war aufgebläht. Das war eine saubere Kolik, die wünsche ich niemanden.

Die Nacht habe ich dann mit einer Tablette gegen Magenschmerzen hinter mich gebracht, bevor ich am nächsten Tag zum Doktor bin. Geschlafen hatte ich rein nichts. Um viertel nach elf war ich dann im Wartezimmer und habe samt Schmerzen eine geschlagene Stunde warten müssen. Als ich endlich dran war, sitzt der Doktor vor mir und fragt mich, was los ist. Der war eine Aushilfe. Der hat keinen Ultraschall, nichts gemacht und mir Tabletten gegen Blähungen verschrieben. So ein Schmarrn, das war mir gleich klar. Die haben natürlich nichts geholfen und die nächste Nacht war genauso schlimm. Vor allem im rechten Oberbauch hatte ich solche Schmerzen, dass ich dann um 4 Uhr morgens aufgestanden bin, weil ich es nicht mehr aushalten konnte. Da habe ich dann die Kiste mit meinen Äpfeln in die Küche gestellt und einen jeden Apfel von den 60 Sorten mit Permanent Marker beschriftet. »Luna«, »Jonagold«, »Pilnitzer Stein«, »Morgenröte« – irgendwann sind mir dann doch die Augen zugefallen.

Am Vormittag bin ich wieder zum gleichen Arzt, die Sachen für das Krankenhaus habe ich aber gleich mitgenommen. Der Hanswurst hat mich wieder eine ganze Stunde warten lassen, mich kurz untersucht und gefragt, ob ich nicht mit dem Traktor nach Grafenau ins Krankenhaus fahren kann. Da bin ich aber fuchsteufelswild geworden und habe ihn angeschrien: »Für Griechenland, da werfen sie die Milliarden zum Fenster raus, aber für einen Taxischein haben sie keine 20 Euro mehr.« Der war dann ziemlich kleinlaut, der hat überhaupt nichts mehr gesagt, mir den Taxischein ausgestellt und eine halbe Stunde später war ich in der Notaufnahme.

Im Krankenhaus bin ich sofort unter das Messer gekommen. Gekannt haben mich alle vom Fernsehen her, ja, inzwischen bin ich wirklich bekannt wie ein »bunter Hund«. Der OP-Raum, der war ganz schön klein. Die Ärzte und Schwestern haben ja kaum Platz gehabt zum Hinstehen. Sie haben mir die Füße und die Hände angehängt und einen Tropf an die Ader gemacht. »Werd' ich jetzt auch an der Gurgel aufgehängt?«, habe ich noch gefragt, aber dann war ich schon weg. So schnell geht das mit der Narkose.

Die haben mir die ganze Gallenblase rausgemacht. Und nachher haben sie gesagt, dass die schon viermal größer war als normal. In der Galle waren nur noch Wasser und Blut, bald wäre sie geplatzt und dann wäre es mit mir aus gewesen. Ich glaube, da gibt es schönere Arten zu sterben.

Drei Tage war ich dann im Krankenhaus. Der Alois hat daheim die Tiere versorgt und sich den Kaffee ausnahmsweise selber machen müssen, aber wie ich nach Hause gekommen bin, haben wir gleich alle restlichen Äpfel geerntet. Von wegen »drei Wochen lang schonen« – die Ärzte haben ja keine Ahnung, überhaupt keine.

Ein lautes Motorengeräusch, wie von einem stotternden Rasenmäher, unterbricht die Anni in ihrer Erzählung. Ein seltener Klang, weil man in Hilgenreith meist nur Hühner gackern oder den Fasan schreien hört. Würde man ein Hörspiel über den Einödhof der Sigls machen, dann müssten unbedingt enthalten sein: der hauseigene alte Traktor, die Hühner, der Fasan, das Schimpfen der Perlhühner, das Lachen der Anni und das Knistern des Ofens im Winter. Das ist Hilgenreith pur, so klingt nur dieser Ort.

Aber heute klingt es anders und Anni stürzt aus der Haustüre, um zu schauen, was los ist. Tatsächlich sieht sie den Alois als kleinen Punkt im Obstgarten mit dem Motormäher auf und ab gehen. Ein alter Mann mit einer blauen Schirmmütze, der angestrengt das vibrierende Ding vor sich herschiebt. Entschlossen packt sie ihre Sense und geht wie der leibhaftige Schnitter in Richtung Obstgarten den kleinen Hang hinunter.

Im Frühjahr muss das Gras zwischen den 55 Bäumen regelmäßig geschnitten werden. Um den Baum herum ist es zum Rasenmähen zu anstrengend, deshalb schneidet die Anni das Gras dort mit der Sense. Die großen Flächen gehören dem Alois mit seinem Motormäher. Eine harte, eine schweißtreibende Arbeit. Ruhestand? Nein, das einfache Leben beugt sich dem Zyklus der Jahreszeiten und ist voller Aufgaben und Pflichten. Der einzige Luxus, den sich Anni und Alois inzwischen leisten, ist Pause zu machen, wenn sie es brauchen. Wenn sie müde sind oder wenn es heiß ist, dann setzen sie sich hin und lassen fünfe gerade sein. Denn was nützt alles, alles Obst, Gemüse, die ganzen Hennen, wenn Anni und Alois nicht mehr gesund sind?

So sitzt der Alois, die Schirmmütze etwas hochgeschoben, mitten im Gras. Bei einer Zigarette und mit Panoramablick auf die Gipfel des Bayerischen Waldes erholt er sich und schweigt zufrieden vor sich hin. Bis die Anni sich – die Schweißperlen auf der Stirn – neben ihn hinsetzt und ihre Gartenschuhe mit hohem Schwung von sich wirft. »Rauchst du schon wieder eine?«, pfeffert sie ihm noch als Bemerkung hin, bevor auch sie zur Ruhe kommt.

»Wenn ich eine Arbeit habe, dann brauche nicht zu rauchen«, antwortet ihr der Alois gelassen. »Lieber würde ich sowieso Süßigkeiten essen«, überlegt er weiter, während er gedankenverloren in die Ferne blickt. Die Anni glaubt ihm kein Wort, die Sätze hat sie schon zu oft gehört. Sie studiert geistesabwesend die CDs, die sie letzte Woche zusammen als Abschreckung für die Vögel in den Bäumen aufgehängt haben. Die glitzernden Scheiben schaukeln leicht im Wind, ab und zu blinkt eine kurz auf, wenn die Sonne auf sie fällt. »Ja, jeder bringt sich selber um«, hat die Anni einen Geistesblitz. Und da der Alois nicht reagiert, setzt sie noch einen drauf: »Krank, wenn du wirst wegen dem Rauchen, dann gehörst du noch gehaut dazu.«

Längst hat der Alois seine Zigarette neben sich ausgedrückt. Ihm reicht es von Annis Vorträgen, obwohl er nach außen hin gelassen wirkt. »Wenn ich aufhören will, dann schenkst du mir wieder Tabak«, beendet er ihre Gesundheitsdebatte. Aber da Anni gern das letzte Wort hat, donnert sie ihm entgegen: »Wenn ich dir keinen Tabak gebe, dann kaufst du dir halt Zigaretten im Supermarkt!«

»Jaja«, seufzt der Alois, bevor er aufsteht. Gegen eine »Eiserne«, eine »Hoaglbuachene« ist schwer anzukommen. Auch wenn die oft selbst sehr unvernünftig ist. Besser ist, sich manchmal einfach aus dem Weg zu gehen. Und im Frühjahr und im Sommer ist das zum Glück wesentlich leichter als im Winter, wo es nur einen beheizbaren Raum auf dem Einödhof gibt. Kurz entschlossen wirft der Alois seinen Motormäher wieder an und sagt in seinem typischen Singsang-Ton: »Mittagszeit ist vorbei«, ergreift den Lenker und geht los, die nächste Reihe mähen. Eine langjährige Ehe oder auch nur sich selbst in einer Mittagspause zu verändern, das ist zu viel verlangt. Viel zu viel.

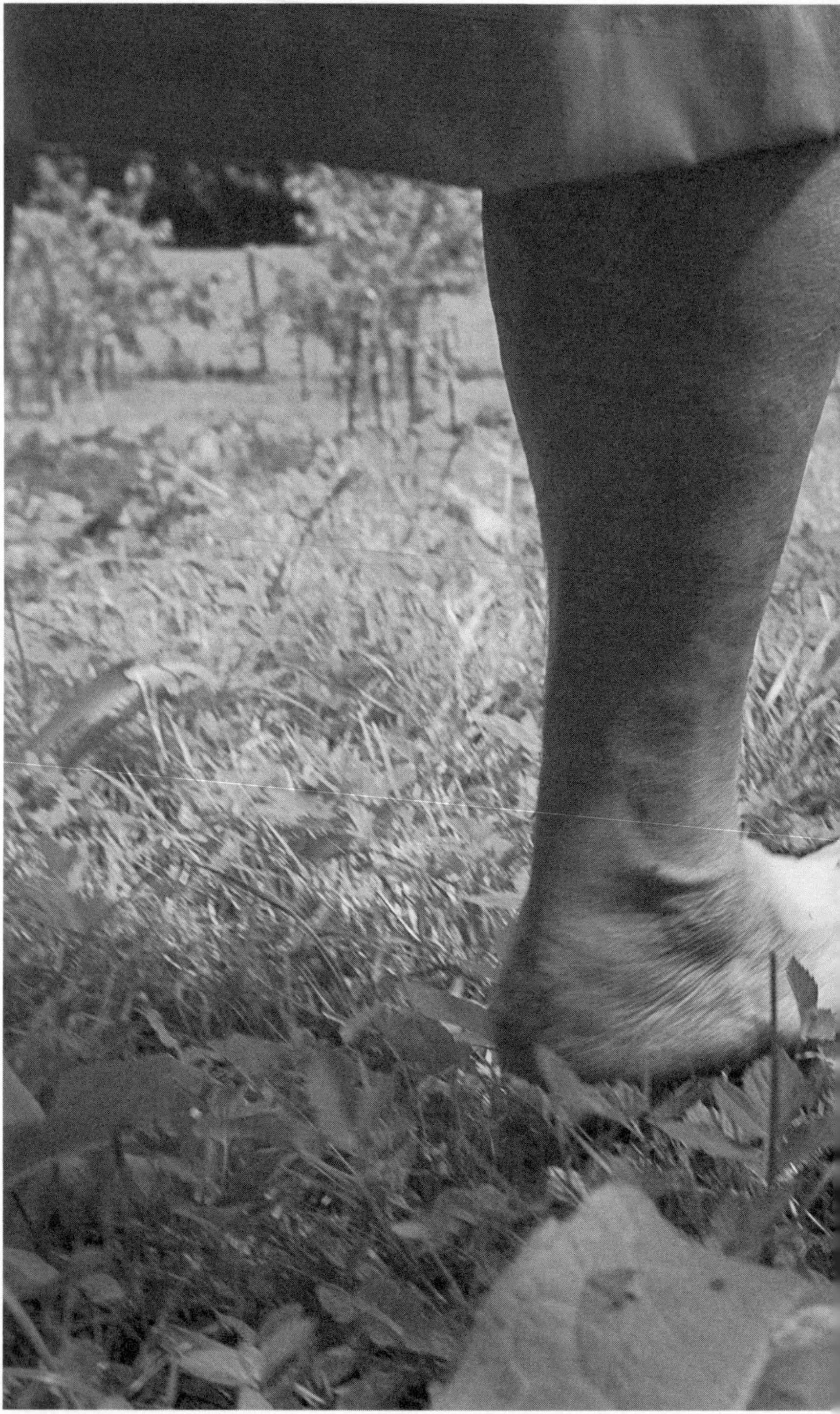

Ein heißer Tag

Wie schmeckt der Sommer in Hilgenreith? Etwas süß wie eine Himbeere, ein bisschen herb wie eine Brombeere und ungewohnt anders wie die chinesische Goji-Beere, die die Anni auch anbaut? Oder doch eher herb nussig wie Kohlrabi, süßlich wie eine Urmöhre oder saftig reif wie eine Tomate?

Immer gibt es im Sommer auf dem Einödhof etwas zu naschen: Seien es die reich behängten Johannisbeersträucher, der große Kirschbaum oder die fast zwei Meter hohen Himbeeren. In Annis Garten zu gehen, ohne sich etwas in den Mund zu stecken, geht in diesen Wochen einfach nicht. Allerdings herrscht bei den Kirschen ein kleiner Wettkampf zwischen Anni und Alois. Weil die Anni schon um 5 Uhr morgens aufsteht, ist sie immer die Erste am Kirschbaum. Genussvoll isst sie schon in der Früh die süßen roten Früchte, während der Alois erst Stunden später aus seinem Bett klettert. Spätestens beim Mittagessen allerdings fragt er erstaunt: »Sind denn heuer noch gar keine Kirschen reif?«, was die Anni mindestens seit zwei Wochen mit einem leichten undurchschaubaren Lächeln quittiert. Denn ihr Geheimnis verrät sie nicht, da lässt sie den Alois lieber auf den Sankt-Nimmerleins-Tag warten. Reife Kirschen bekommt auf dem Einödhof nur, wer gewieft genug ist.

Die Anni steht sowieso immer um 5 Uhr morgens auf, weil sie ihre Tiere versorgen muss. Jetzt, im Juli, hat sie in ihrem großen Stall ihren Hühnernachwuchs zu betreuen: Etwa fünfzig junge Hennen, die sie selbst aus Eiern nachgezüchtet hat, brauchen täglich frisches Wasser und Annis spezielle »Kleinkindnahrung« – eine selbst gemachte Mischung aus fein geschnittener Petersilie, Oregano, Brennnessel, Karotten und Eiern. Wenn es schönes, trockenes Wetter ist, macht die Anni sich sogar die Mühe, ihren ganzen »Kindergarten« mit speziellen Käfigen nach draußen zu transportieren und dort in die großen Laufkäfige, die der Alois geschreinert hat, an die frische Luft zu entlassen. »Bei mir müssen die Hennen den Himmel auf Erden haben«, davon ist die Anni überzeugt, auch wenn in einigen Wochen die meisten von ihnen durch ihre Hand den Tod finden werden.

Manche Leidenschaften brauchen eben Zeit, die beiden Leidenschaften der Anni, der Garten und die Hennen, brauchen Zeit und Platz. Die Einöde ist dabei ein Glücksfall, hier regt sich keiner auf über die vielen Tiere und die Hähne, die in der Frühe krähen. Auf den fünf Hektar kann die Anni tun und lassen, was sie will. Einsam fühlt sie sich dabei nie, denn im Sommer kommen täglich Besucher, die Gärtnertipps, Eier holen oder ihre

Libella
echt fruchtig-frisch
Libella
echt fruchtig-frisch

Libella
Libella
Reichenhaller
Marken JodSalz
15kg
Bad Reichenhaller

SPORT

Thurn und Taxis

120 Apfelsorten bestaunen wollen. Bis zu siebenhundert sind es pro Jahr. Und auch Gartenvereine, Pomologen oder Professoren der landwirtschaftlichen Disziplinen schauen gern bei der Apfel- und Hühnerexpertin vorbei.

Nach der Stallarbeit verschwindet die Anni manchmal in den mannshohen Himbeeren hinter der Holzwand des Hühnerstalles. Dort steht sie dann mit ihrer türkisen, großblumigen Schürze, mit schmutzigen Füßen und mampft die süßen Früchte in sich hinein wie ein kleines Kind, das Angst hat, dass der Sommer zu schnell zu Ende geht. Neben ihr steht am Boden ein knallgelber Eimer, in den sie ab und zu auch Himbeeren wirft. Die grau getigerte Katze, das Mauckei, schleicht dabei um Annis Füße, in dem grünen Himbeerwald ist sie kaum zu sehen. »Wenn ich die Himbeeren jetzt nicht pflücke«, erzählt die Anni, während sie sich eine besonders große und prächtige in den Mund schiebt, »dann springen die Hennen fast einen Meter hoch und zupfen sie mit dem Schnabel runter, die Mistviecher.« Dafür sind ihr die Himbeeren doch zu schade und so füllt sie ihren Eimer randvoll mit gelben, roten und schwarzen Himbeeren, deren etwas herben Geschmack sie besonders mag.

Lange hält sie es draußen sowieso nicht mehr aus, denn bereits jetzt – um 10 Uhr vormittags – erreichen die Temperaturen schon die 30-Grad-Grenze. Der Anni, die Hitze überhaupt nicht aushalten kann, steht schon der Schweiß auf der Stirn und widerwillig spreizen sich ihre dünnen weißen Haare gegen die Macht der hohen

Temperatur. Die sonst so klare Sicht auf die Bergkette des Bayerischen Waldes ist heute diesig und trüb. Im Flimmern der Hitze bewegen sich die Hennen immer langsamer, die meisten sitzen schon im Schatten unter den tief hängenden Ästen der Bäume. Auch die Katze Mauckei zieht sich müde auf die ruhige Gartenbank an der Hausmauer zurück.

Es ist still geworden, fast geräuschlos, im Garten bewegt sich nichts mehr – kein Tier, kein Blatt – die Sommerhitze hält ihren Einzug. Nur kurz hört man noch das Wasserplätschern, die Anni wäscht ihre schmutzigen Füße im eiskalten Wassergrant vor dem Haus ab. Noch ein, zwei, drei Hände voll Wasser, kurz das Gesicht damit erfrischt, dann betritt sie energisch das Haus. In der Stube, auf dem Ofen, steht bereits der alte Aluminium-Entsafter: ein riesiger Topf, in den unten Wasser und oben die Früchte eingefüllt werden. Mit Schwung entleert Anni ihren mit Himbeeren gefüllten Eimer in den Topf, öffnet das alte Küchenbüfett, holt eine Blechdose hervor und fügt noch eine ordentliche Portion Zucker hinzu.

Aus ihren Beeren macht sie am liebsten Saft, Marmelade oder Sirup. »Vor der gekauften Marmelade graust mir«, lacht die Anni laut beim Einkochen. »Da sind ja lauter Würmer drinnen. Nein, nein, da esse ich lieber die meinige, da weiß ich, was ich habe.« Heiß und noch mal heiß wird es Anni beim Umrühren, ihre Backen sind feuerrot, während der Alois seelenruhig mit langärmeligem Hemd auf seinem Stammplatz auf dem Sofa sitzt. Neugierig beäugt er das Geschehen, abwartend, als wohne er als Zuschauer einem Schauspiel bei.

»Hast du recht viel Zucker rein?«, bewegt ihn die Frage. Ungerührt rührt die Anni weiter, so als ob sie nichts gehört hätte. Tatsächlich hat sie Probleme mit ihren Ohren und ist leicht schwerhörig. Aber der Alois hat nun einmal eine leise Stimme, was die Anni aufregen kann, wo er doch eigentlich weiß, dass er lauter sprechen muss mit ihr. So dreht sich die Kommunikation der beiden immer wieder im Kreis und ist manchmal recht paradox und schwierig. Denn beide können die Bitte des anderen nicht erfüllen: Der Alois kann gar nicht lauter sprechen, weil das mit seiner Stimme nicht geht. Und die Anni kann nicht besser hören, auch wenn sie es versucht. Dann ist sie sauer, weil er sich nicht anstrengt, und der Alois ist im schlimmsten Fall auch beleidigt, weil sie beleidigt ist.

Aber fünfzig Jahre Ehe, rund 180 000 Tage miteinander arbeiten, reden, schlafen gehen, aufstehen – diese enorme Spanne an Lebenszeit lässt beide auch wieder gelassen sein. Und überhaupt ist die Anni überzeugt: »Wenn es in einer Ehe keine Meinungsverschiedenheit gibt, dann ist einer ein Trottel.« Darüber lacht sie herzhaft und lange, aber es ist ihr ernst. Sie weiß, dass sie einen Dickschädel hat, aber auch der Alois kann durch seine langsame Art Menschen auf die Palme bringen, die nicht mit großer Geduld begabt sind.

Kennengelernt haben sich Anni und Alois 1960 rein »zufällig«, als der Alois sein defektes Motorrad in die

BMW-Werkstatt nach Passau brachte. Es war spät, die Werkstatt hatte nur noch kurz geöffnet und da stand der Alois dann – ohne Motorrad und nur mit einem Busticket. Eine kleine Odyssee, die erst einmal in dem Ort Tittling endete, wo die 24-jährige Anni gerade direkt aus München auf dem Weg zu ihrem Heimatdorf war. Zusammen fuhren die beiden jungen Leute im Bus weiter und bald wussten sie, dass sie zusammengehören.

Wenn man heute den Alois darauf anspricht, was ihm damals so an der Anni gefallen hat, überlegt er lange, sehr lange, und dann antwortet er mit fünf Wörtern: »Mir hat es praktisch gepasst.« Kein Wort über ihr Äußeres, ihre Art, ihren Charakter. Die Anni ist da redseliger: »Der Alois hat so schöne schwarze Haare gehabt, aber heute schaut er nicht mehr so gut aus mit seinen grauen Haaren«, lacht sie wieder, weil sie gern lacht und weil das Alter manchmal zwar bitter ist, aber eben nicht abwendbar oder änderbar. Die Anni hält es wie der römische Philosoph Seneca, der Widerstand für nutzlos hielt. Von ihm stammt der Satz: »Wer ›ja‹ sagt zu seinem Schicksal, den führt es voran, den Widerstrebenden schleift es mit.«

Und der Alois hat damals auch »ja« gesagt, weil ihm diese junge Frau »gepasst« hat. Er hat sie noch einmal besucht, auf ihrem Bauernhof, hat mit ihr Preiselbeeren gepflückt, und nach einem Jahr, am 26. Mai 1961, gab es in Innernzell eine richtige Bauernhochzeit. Ein bescheidenes Fest mit fünfzig Gästen, denn normalerweise wurden solche Hochzeiten mit zweihundert bis dreihundert Leuten gefeiert. Auch die drei Musiker, die spielten, konnte man sich nur leisten, weil zwei davon Cousins aus Annis Familie waren.

Aber beim Hochzeitskleid, da musste etwas Besonderes her. Die Anni hat es bis heute in ihrem Schlafzimmerschrank hängen. Ein durchsichtiger Plastiksack schützt es vor Motten und wenn sie es herzeigt, dann schaut das Kleid zwar etwas altmodisch aus, aber der Stoff ist gut erhalten – fast wie neu. »Das habe ich in der Straße gleich hinter dem Münchner Dom gekauft«, berichtet sie stolz, während sie das Plastik vom Kleiderhaken streift. »Schau mal, wie viel' Röcke das hat, das sind mehrere übereinander. Taft, Petticoat, Steifleinen und es hat Dreiviertelärmel und vorne am Ausschnitt ist es plissiert.« Eigentlich ist Annis Hochzeitskleid eher unscheinbar, brav geschnitten, wie ein Kommunionkleid für ein großes, stämmiges Kind. In den frühen 60er-Jahren muss es im Bayerischen Wald allerdings etwas Besonderes gewesen sein, denn auf dem Land gab es zu dieser Zeit nur selbst gemachte Kleider, nichts Raffiniertes. Und diesen Spaß, ihr aufsehenerregendes »Münchner Kleid« hat die Anni sich 130 Mark kosten lassen. Fünf Monatslöhne hat sie dafür gespart und es heimlich gekauft. Der Alois hat es erst am Tag der Hochzeit gesehen. Nach Standesamt, Kirche und Feier im Wirtshaus zog die Anni noch am gleichen Tag zu ihrem Alois und seinen Eltern auf den Einödhof in Hilgenreith. Ein Schlafzimmer im oberen Stockwerk musste vorerst reichen für das frischgebackene Ehepaar.

»Hast du heuer schon Kirschen gegessen?«, fragt der Alois unvermittelt, während die Anni aus dem Schlauch ihres Entsafters schon die ersten Flaschen auf dem Herd abfüllt. Die Anni kann sich kaum ein Lachen verkneifen und antwortet unschuldig: »Heuer werden keine reif.« Gespielt ernst verschließt sie Flasche um Flasche, bevor die wohlverdiente sommerliche Mittagsruhe eintritt. Die Außentemperaturen sind inzwischen auf 32 Grad geklettert, am Herd ist es unerträglich heiß und die Anni rettet nur ein Frotteehandtuch, mit dem sie sich alle fünf Minuten abtrocknet, vor dem vollständigen Zerfließen.

Dem Alois macht die Hitze nichts. Aber die Anni tritt die Flucht nach vorn an – das heißt, in ihren dunklen winzigen Keller mit den dicken Granitmauern. Hier lagert sie Marmeladen, Säfte und Sirupflaschen. Wenn der Sommer vorbei ist, dann ist das etwa 1,60 Meter hohe Regal voll mit Eingemachten. Etwa achtzig Gläser Marmelade stellt die Anni so jedes Jahr her und diese Marmeladen werden auch tatsächlich in zwölf Monaten von dem alten Ehepaar aufgebraucht. Der »Hit« ist dabei die Acht-Frucht-Marmelade mit Johannisbeere, Stachelbeere, Jostabeere, schwarzer Apfelbeere, Himbeere, Brombeere, Aprikose und Pfirsich – eine Mischung aus dem Garten, eine Eigenkomposition, die die Anni liebt. Und gerade im Winter, wenn sie ein neues Glas Marmelade aus dem Keller holt, ist es für sie, als ob wieder Sommer wäre, dann erinnert sie sich schon beim ersten Löffel an den Reichtum ihres Gartens.

Das viele Eingemachte hilft der Anni aber auch sparen. Angenommen, ein Marmeladenglas würde im Laden mindestens 3 Euro kosten, dann hätte sie 240 Euro im Jahr allein durch das Konservieren gespart. Säfte und Sirup noch nicht einmal dazugerechnet. Die Arbeitszeit ist dabei zu vernachlässigen. Was zählt, ist der Geschmack des Sommers.

Irgendwann sind die Gläser etikettiert und verräumt. Der Vorhang ist zugezogen vor dem Marmeladentheater. Die Anni gönnt sich jetzt eine Stunde Mittagspause im kühlen Keller. Zwischen den alten Kartoffeln vom letzten Jahr, die so lange Triebe haben, dass sie fast wie kleine Tiere mit langen Tentakeln aussehen, sitzt sie auf einem kleinen Holzschemel. Ohne ein Wörtchen zu reden, ohne einen Finger zu rühren, nur ab und zu wischt sie sich die Stirn ab. Sie sitzt einfach nur da, um des Sitzens willen. Und um der Kühle willen, dem Wichtigsten an diesem heißen Tag in Hilgenreith.

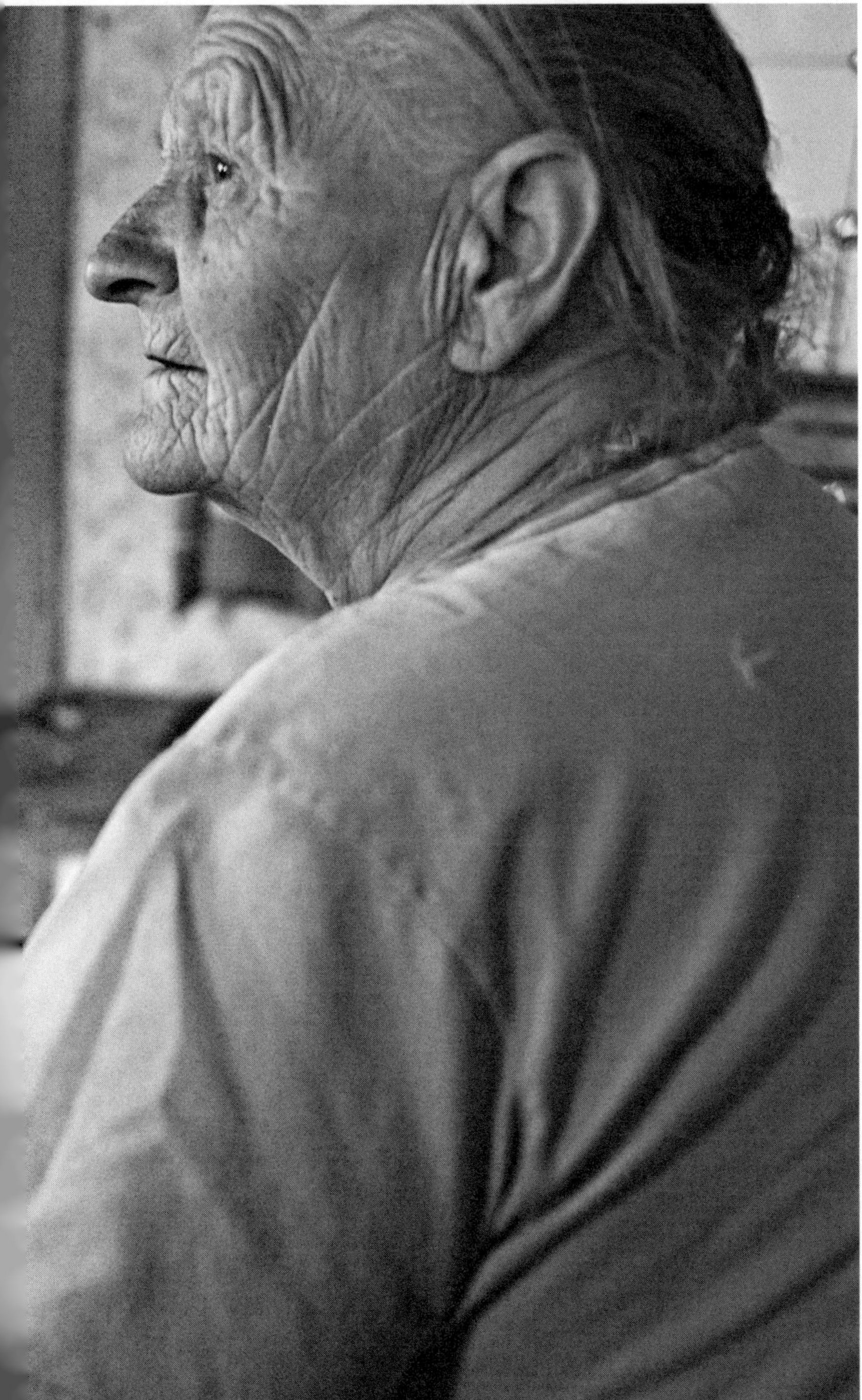

Schlachttag

Eine neonrote Strickjacke, bis oben zugeknöpft, eine Farbexplosion ganz in Polyacryl. Dazu eine bunt gemusterte Schürze, die nirgends kneift und locker sitzt, mehrmals schon geflickt. Eine gewagte Kombination. Doch der Anni ist das egal, auf Kleidung und Schönheit legt sie keinen großen Wert. Bequem und funktionell, so zieht sie sich an. Die besseren Kleider hebt sie auf für Friedhofsbesuche oder wenn sie zum Einkaufen in das Dorf fährt. Die schlechter erhaltenen taugen für daheim, für den Werktag. Und weil es heute draußen kalt ist, schaut auch eine dicke weinrote Strumpfhose unter dem Kittel heraus.

Es ist 7 Uhr morgens, ein grauer Tag beginnt, der seinen Kampf gegen den Hochnebel verlieren wird. Anni ist schon länger wach und rumort allein in der Küche. Der Alois liegt noch oben und schläft. Auf dem Herd steht ein riesiger alter Topf mit Wasser. Es ist still im Haus, nur von draußen hört man leise das Gegacker der Hennen, die gerade ihren Stall verlassen haben. Holzscheit für Holzscheit legt Anni in den Herd. Langsam lodern die Flammen auf und spiegeln sich in ihrem Gesicht.

Noch ein kleiner Schluck Kaffee. Im alten Frisierspiegel steckt die Anni sich die Haare ordentlich zum Dutt zusammen. Eigentlich ein Tagesbeginn wie jeder andere, aber auch wieder nicht – denn heute ist Schlachttag auf dem Einödhof. Etwa siebzig Masthähnchen schlachtet die Anni im Jahr für ihren großen Bekanntenkreis, der schon frühzeitig seine Bestellungen aufgibt. Annis Geflügel ist begehrt, seine Qualität herausragend. Zwölf Wochen leben die Enten in ihrem Schlaraffenland, fünf Monate lang gibt sie den Gänsen Zeit, zartes Fleisch zu entwickeln. Aber »wenn sie weg gehören, dann gehören sie weg«, das ist ihr Credo, da kennt die Anni nichts – bei aller Tierliebe.

Der Alois tut sich mit dem Schlachten schwerer. Er würde nie einem Tier nur ein Haar krümmen, deshalb bleibt er heute im Bett liegen, bis das Blutbad vorbei ist. »Zum Köpfen geht der Alois nicht raus«, lacht die Anni über ihren zartbesaiteten Mann. Sie zieht ihre Lieblingshausschuhe aus, die grauen Filzpantoffeln mit den großen Löchern. Ordentlich stellt sie sie neben den Herd und sucht im Gang nach ihren schweren Gummistiefeln, einem kleinen Holzprügel und dem scharfen Teppichmesser. Als sie alles gefunden hat, überquert sie langsam den Hof. Ein neonroter Fleck, ein Farbtupfer an diesem grauen kühlen Tag.

Die Hühner freuen sich, als die Anni kommt. Sie sind zutraulich, einige legen auch ihre Köpfe in Annis Schoß.

Vom Ei bis heute sind sie auf dem Einödhof aufgewachsen, mit wunderbarem Futter und Panoramablick auf den Bayerischen Wald. Doch nun hat das Idyll ein Ende. Mit geübtem Griff greift Anni sich die Todeskandidaten heraus, die nicht erschrecken, weil die Anni sie auch sonst gern mal auf dem Arm nimmt. Nur ein kurzes »Gack-gack-gack-gack-gack«, das übliche Hühner-Stakkato, noch wenige Sekunden trennen das Geflügel von seinem Tod. Dann macht ein Schlag auf den Kopf der Vertrautheit ein Ende und ein schneller Schnitt durch den Hals beschließt das Erdendasein von Annis Zöglingen. Das alles geht so fix, dass den Hennen keine Zeit bleibt, in Panik zu geraten. Ein rascher Tod, das ist auch eine Form von Tierliebe. Das geköpfte Federvieh noch in den Händen, erzählt Anni eine ihrer Lieblingsgeschichten:

Neulich war ich im Supermarkt im Ort. Der Edeka, der große. Die Chefin, die kennt mich schon lange, ich kaufe ja meistens dort ein. Da hat sie mich gefragt, ob ich daheim schon wieder Enten geschlachtet habe. Und bevor ich etwas sagen konnte, ist mir eine junge Frau ins Wort gefallen. Die war nicht von hier, ich weiß nicht, woher die war, auf jeden Fall war sie ein »Preiß«. Die hat dann gesagt, sie kauft sich keine Ente, die geschlachtet wird, sie kauft sich die Ente nur im Supermarkt. Da bin ich aber narrisch geworden und habe sie laut gefragt: »Ja, meinen Sie, dass die Enten in der Fabrik gemacht werden?« – »Ja«, hat die komplett naiv gesagt, »das weiß ich nicht, die sind doch verpackt im Supermarkt, da braucht man sie doch vorher nicht zu schlachten.« Das war vielleicht ein Rindvieh, ein blödes. Der habe ich meine Meinung richtig gesteckt: »Aus was, meinen Sie, werden die Enten gemacht? In einer großen Halle werden die aufgezogen, haufenweise, und wenn einer schlecht wird, dann kann die gar nicht umfallen vor lauter Enten. Die Fabrikenten kommen dann in Großschlächtereien, werden verpackt und kommen in den Supermarkt.« Ja, die war vielleicht sprachlos. Die hat kaum mehr Luft gekriegt. »Ja, dann kaufe ich hier auch keine Ente mehr«, hat sie gesagt, einen roten Kopf hat sie gehabt und ist schnell rausgegangen. Die anderen Leute vom Ort, die haben den ganzen Tag was zum Lachen gehabt.

In der Stube drinnen wartet schon der Alois, die Beine übereinandergeschlagen, auf dem Kanapee. »So, bist wieder fertig für heute«, begrüßt er seine Anni, die wie ein frischer Wind in die Stube pfeift, ihre alten Hausschuhe anzieht, das geköpfte Federvieh aus dem Gang holt und auf den Tisch legt. Das Wasser in dem riesigen Topf dampft inzwischen. Sechzig Grad muss es haben, um die Hühner abzubrühen. Und weil der Anni Thermometer zu umständlich sind, hat sie in den letzten Jahrzehnten gelernt, am Dampf zu sehen, wie heiß das Wasser ist. »Früher habe ich sogar mit der Hand reingelangt«, erzählt sie stolz. Sie ist eben eine Eiserne, eine, die sich durchgebissen hat im Leben. Wo andere frieren, jammern oder Angst bekommen, da lacht die Anni nur.

Endlich – die Wassertemperatur passt. Jetzt muss es schnell gehen, damit das Wasser nicht zu heiß wird auf dem mit Holz geheizten Herd. Entschlossen packt Anni ihre Zöglinge an den Haxen und lässt sie ein bis zwei Minuten in dem alten Topf baumeln, ohne sie loszulassen. Heißer Dampf steigt empor und es wird warm. Deshalb steht die Anni nur mit einem blauen T-Shirt und einem dünnen Rock vor dem Herd, der auf Hochtouren arbeitet. Um den Hals hat sie eine Paketschnur geschlungen, die eine selbst gemachte Plastikschürze festhält. Diese Schürze ist ein skurriles Unikum, entstanden aus einem festen, durchsichtigen Plastiksack. Erfinderisch hat Anni den Sack durchschnitten, vier Löcher reingebohrt und Paketschnüre festgemacht – fertig ist die Rupfschürze, die ihre Aufgabe erfüllt, auch wenn sie etwas seltsam aussieht.

Den Holzschemel, auf dem Anni steht, hat ihr der Alois geschreinert. Den braucht die Anni, die etwas klein geraten ist, um das schwere nasse Geflügel aus dem Topf heben zu können. »Alles, was wir brauchen, mache ich«, verteidigt der Alois sich, weil er wieder mal auf dem Sofa sitzt und der Anni beim Arbeiten zuschaut. Ja, für Holz- oder Metallarbeiten, da ist er immer zu haben, da ist er ideenreich und ausdauernd. Aber Federn rupfen, nein, das ist nichts für den Alois, den sensiblen Feingeist. Da reicht ihm das Zuschauen schon. Am liebsten würde er sich am Schlachttag sowieso in

Luft auflösen, aber bei einem beheizten Zimmer im ganzen Haus ist das schwierig.

Anni sitzt jetzt auf dem Holzschemel, mit ihrer selbst gebastelten Schürze, und rupft mit geübten Griffen Feder für Feder in einen Plastikeimer. Eine Arbeit, die ihr schnell von der Hand geht. Da wird nicht gezögert, geplaudert oder Pause gemacht. Fleißig sein und zupacken – das ist Annis Welt. Eine Welt, in der aber auch Alois seinen Platz hat. Anni sieht einfach über seine Schwächen hinweg und so hält er es auch. Und so funktioniert diese Ehe wie in dem Spruch von Loriot: »Eine glückliche Ehe ist eine, in der sie ein bisschen blind und er ein bisschen taub ist.«

Schnell füllt sich der Eimer mit den braunen Federn. Die Bestzeiten von Anni im Rupfen – das hat sie selbst gestoppt – liegen bei drei Minuten für eine Henne, sieben Minuten für eine Ente, zwanzig Minuten für eine Gans. Vor allem bei letzterer muss Anni noch mit heißem Wachs nachhelfen, um alle Federstumpen sorgfältig zu entfernen. Eine Heidenarbeit, bei der es genau zugeht. Schnell und sauber rupfen, das kann nicht jeder. Genauso wenig wie das Schlachten. »Das Höchste war einmal, wie meine Eltern eine Henne schlachten wollten«, erzählt Anni amüsiert und macht es sich auf dem Schemel etwas bequemer. »Die haben um 7 Uhr früh angefangen und um 10 Uhr sind sie noch vor dem Hackstock gestanden, mitsamt der Henne. Dann haben sie sie wieder ausgelassen, weil die Henne jedem leidgetan hat.« Darüber kann sie noch heute laut lachen.

Diese Gene hat die Anni nicht von ihren Eltern geerbt, da ist sie froh, während der Alois vom Sofa aus zustimmend nickt: »Die haben auch gedacht, was ich denke.« Anni hat das Schlachten auf jeden Fall von ihrem Großvater gelernt – mit acht Jahren, so erzählt sie.

Mit acht Jahren hat Anni so einiges Wichtiges erlernt: Mit acht hat sie Bäume veredeln, mit acht hat sie nähen, mit acht hat sie schlachten, mit acht Jahren hat sie auch kochen gelernt. Immer, wenn die Anni irgendetwas besonders lang und gut kann, dann will sie mit acht Jahren damit begonnen haben. Erstaunlich. Aber schon die biblische Zahlensymbolik schreibt der Acht eine besondere Bedeutung zu: Die Zahl steht für den Neuanfang. So wurden acht Menschen mit der Arche Noah gerettet, acht Tage nach der Geburt wurde beschnitten und die Woche fängt mit dem achten Tag wieder neu an. Mit solchen Spekulationen kann die Anni wenig anfangen, trotzdem liebt auch sie diese Zahl.

Inzwischen hat sie den Stubentisch sauber abgewischt und sich mit dem gerupften Tier hingesetzt. Mit einem großen Schnitt trennt sie die Bauchdecke auf und beginnt die Innereien auszunehmen. »Vorsicht, jetzt stinkt es gleich«, warnt sie vor. Ein kurzes, angewidertes »Aaaah« kommt aus der Ecke vom Alois. »Das könnte ich nicht machen«, sagt er angeekelt. »Aber wenn man in München im Schlachthof gearbeitet hat, braucht man sich nicht wundern«, fügt er noch anerkennend hinzu. Ein Jahr hat die Anni 1954 in einer

Münchner Gastwirtschaft in der Gautinger Straße gearbeitet, eine harte Zeit, von der sie erzählt, als ob es gestern gewesen wäre:

Als 18-Jährige habe ich mich in einer Gastwirtschaft verdingt, die auch eine Pension und eine Metzgerei dabeihatte. Das war eine schwere Zeit. Unser Chef, der war ein richtiger Satan. Seine Frau hat er dauernd betrogen, sie hat recht geeifert und beide zusammen haben ihre Wut an uns ausgelassen. Ein Jahr habe ich dort gearbeitet, ich habe es am längsten geschafft von allen dort. Wenn der Chef nämlich Gesellen eingestellt hat, dann waren die nach acht Tagen wieder weg, weil es keiner ausgehalten hat. Nur der Lehrbub und ich, wir haben dableiben müssen. Der Bub hat viel geweint, weil der Chef ihn immer geschlagen hat. Nichts hat er ihm recht machen können, obwohl er erst im ersten Lehrjahr war. Der Meister hat überhaupt keine Geduld gehabt und dann hat er mich meistens geholt, damit ich mit ihm Stier', Kälber und Schweine schlachte in der Metzgerei.

Mich hat er nie gehauen, der Mistkerl. Der hatte Angst, dass ich auch noch weglaufe. Seine Frau hat er manchmal grün und blau geschlagen, aber bei mir hat er sich das nicht getraut. Ich habe ihm gleich ins Gesicht geschrien: »Das kannst du mit deiner Frau tun und sie zum Narren halten, aber mir brauchst du damit nicht zu kommen.« Ab da hat er mich immer in Ruhe gelassen.

Am schlimmsten war in der Metzgerei der Aschermittwoch oder der Karfreitag. Da ist der Chef mit dem Käscher runter zur Würm und hat hundert bis 150 Fische geholt, die hat er dort in einem großen Bottich gezüchtet. Die hat er alle vor mir ausgeschüttet, ist gegangen und ich musste sie alle alleine erschlagen und ausnehmen. Das war eine richtige Sauerei.

Die junge Anni, städtisch-fesch

»Da wirst du hübsch lange gebraucht haben«, sagt der Alois fast mitleidig. Und dabei wirkt er, als ob er die Geschichte noch nie gehört hätte. Obwohl – wenn man ehrlich ist – die Anni gern immer wieder die gleichen, eben ihre Lieblingsgeschichten erzählt. Meist sind es Geschichten, in denen es deftig und hart zugeht und sie sich als Heldin in einer unwirtlichen Welt behauptet.

»Nein, ich bin bald fertig gewesen, die haben wir ja mittags schon gebraucht für das Wirtshaus«, antwortet die Anni auf Alois' Frage. Nebenbei säubert sie den Magen der Hennen, den sie am Ende wieder mit Leber und Herz reinlegt in die Henne – weil viele Leute gerade diese Innereien als besondere Delikatesse schätzen. Das kann der Alois überhaupt nicht verstehen, da kann er nur ungläubig den Kopf schütteln, so etwas würde er nicht um viel Geld essen. Er mag ja noch nicht einmal Fleisch besonders.

Ihre Prachtexemplare – manche Gänse wiegen bei der Anni bis zu acht Kilo – verschickt die Anni teilweise bis nach Dortmund und Hannover. Man stelle sich vor, ein tiefgefrorener Riesenbrummer tritt seine Reise von dem einsamen Hof im Bayerischen Wald an. Eingepackt in Styropor, bringt die Anni ihn in Innernzell zum Postschalter. Und dann »fliegt« ihre Gans durch Deutschland, ohne Kopf und eiskalt. Sozusagen eine bofrost-Lieferung *en miniature*. So eine Gans, wie die Anni sie züchtet, ohne Hormone und Tabletten – hundertprozentig bio, auf die ist jeder scharf, der gern kocht.

Die Anni ist fertig für heute. Draußen im Wassergrant wäscht sie ihr blutiges Tapetenmesser wieder sauber. Die Federn und die unbrauchbaren Innereien wirft sie in die Abfalltonnen, die vor dem Haus stehen. Ihre kochfertigen Hühner allerdings nimmt sie mit hoch in den ersten Stock zu ihren drei Gefriertruhen, ihren Schatzkisten.

Drinnen sitzt der Alois und raucht. Endlich. Endlich Schluss mit dem Gemetzger in der Küche. Er wird so etwas nie machen, noch nicht einmal dann, wenn die Anni einmal krank ist. »Bei mir werden die Tiere einfach älter«, hat der Alois beschlossen. Wieder pfeift er vor sich hin, sein tonloses Lied. Heute zum ersten Mal. Der Schlachttag ist vorbei.

1983
über

Altweibersommer

Tausend kleine Tauperlen glitzern an diesem frühen Dienstagmorgen. Draußen ist es noch frisch, aber schon jetzt, um 8 Uhr früh, verspricht die herbstliche Sonne einen warmen Tag – einen richtigen Altweibersommer. Dünne Fäden bilden filigrane Netze auf dem Boden, ein Werk der Baldachinspinnen, die gern nach einer kalten Nacht bei den ersten Plusgraden ihre Spinnweben knüpfen. Und so ist das Wort »Altweibersommer« auch nicht frauenfeindlich, sondern es stammt aus dem Althochdeutschen, wo das Wort »weiben« das Knüpfen der Spinnweben umschreibt.

Knallrot, goldgelb und dunkelorange leuchten die Blätter an den Bäumen. Ein Luftzug schaukelt sie leicht hin und her, vielleicht ihr letztes Wogen im milden Herbst. In Amerika nennt man die Tage, an denen das Laub so intensive Farbtönungen erreicht, *Indian Summer*, in Hilgenreith ist man weniger poetisch.

In der Küche hat die Anni heute schon ihren alten Ofen angeheizt. An diesem wunderbaren Spätsommertag gibt es bei den Sigls eine gebratene Ente mit Blaukraut und Knödeln zum Essen. Für andere Leute eher ein Braten, den man am Sonntag kocht, für die Anni ein Werktagsbraten – am Sonntag hat sie für die große Küche keine Zeit. Denn da kommen meist schon mittags Besucher, die Annis Obstgarten und ihre Hühner besichtigen wollen.

Großzügig salzt sie nun das nackte, voluminöse Vieh, das die drei Monate seines Lebens bei der Anni verbracht hat und jetzt zum krönenden Abschluss in ihre Backröhre darf. Schnell an den dicken Schenkeln gepackt, wird der Braten hin und her gewendet und ordentlich gepfeffert, denn das Tier soll nach etwas schmecken. Eine niederbayerische Bauernente, prachtvoll, dick und gestopft mit der Ernte aus dem eigenen Garten – Petersilie, Knoblauch, Zwiebel, Karotten und Sellerie. Haute Cuisine à la Hilgenreith. Das alles geht zügig, denn die Anni hat nicht ewig Zeit. Ofentür auf – und ab damit, ab in die Hitze für zweieinhalb Stunden.

In Annis Backröhre dürfen nur die eigenen Zöglinge. Denn mit Tieren von anderen Züchtern hat sie schlechte Erfahrungen gemacht: »Einmal habe ich eine Ente vom Nachbarort gegessen, das Fleisch war vielleicht schwammig, da habe ich gesagt, nein, keine zweite esse ich nicht mehr, eine fremde.« Eine fremde Ente? Migranten aus den anderen Bauernhöfen in Innernzell? Nein, der Integrationsversuch ist bei der Anni gründlich gescheitert. Und während die Holzscheite laut im Ofen knacken, hört man langsam das Brutzeln, das Anbraten der Ente.

Immer wieder muss Anni Wasser nachgießen, wobei es jedes Mal laut zischt.

Der Alois hört dem Küchenlärm ohne großes Interesse zu, während er sein einziges Paar Turnschuhe anzieht: Über ihm hängen alte Familienfotos, die kunterbunt durcheinandergemischt sind. Von der eigenen Hochzeit bis zu den Enkeln dürfen hier Erinnerungen unbeachtet am Alltag der Sigls teilnehmen. Ein altes Schwarz-Weiß-Foto zeigt Anni und Alois frisch verheiratet neben den Eltern vom Alois – auf dem gleichen Sofa und an den gleichen Stellen, an denen sie heute noch gern sitzen.

»Deine Mutter war ein guter Mensch«, sagt die Anni über ihre Jahre als Schwiegertochter. »Aber dein Vater war richtig unleidlich zu ihr«, erinnert sie sich, während sie den mageren Mann mit dem kleinen Schnauzer auf dem Foto betrachtet. Auch der Alois mag seinen Vater nicht verteidigen, im Gegenteil: »Der hat sich den ganzen Tag nicht stillhalten können«, seufzt der sensible alte Mann. »Ja, der wenn sich fünf Minuten hinsetzen musste, dann war er unleidlich«, pflichtet ihm die Anni bei, während sie den Alois mustert, wie langsam er sich die Schuhbänder zubindet.

Endlich fertig, steht der Alois bedächtig auf, um etwas zu holen. Noch als er kaum an der Türe steht, flüstert mir die Anni zu:

Leicht habe ich es hier nicht gehabt, von Anfang an. Wir haben 1961 geheiratet und zehn Monate später war das erste Kind da, der Alois. 1964 kam der Werner auf die Welt, 1969 der Robert und 1970 der Hermann. Eigentlich hatten wir fünf Kinder, aber eines ist gestorben, das war eine Steißlage. Der ist unter der Geburt stecken geblieben, da war er hinüber. Die haben noch geschwind eine Nottaufe gemacht und ihn mit dem Notarzt nach Passau gefahren. Am dritten Tag haben sie mich angerufen, der Bub ist total geschädigt, er kommt nicht mehr zu sich. Was sie tun sollen? »Maschinen abschalten«, habe ich gesagt, »Maschinen abschalten! Lieber ist es jetzt hart, wenn er stirbt.«

Das letzte Kind, der Hermann, der hat es ganz eilig gehabt. Am Tag seiner Geburt war ich schon zehn Tage über dem Termin. Meine Hebamme war gerade bei einer Wöchnerin im Dorf und hat zu der gesagt: »Ich muss schnell weiter, ich muss zur Siglin, bei der pressiert es langsam.« Da sagt der Mann der Wöchnerin: »Schau' raus aus dem Fenster, da fahrt die Siglin auf dem Traktor vorbei.« Die Hebamme hat einen Riesenschrecken bekommen. Ich habe mich von ihr untersuchen lassen und sie hat gesagt: »Schau', dass du heimkommst, sonst kriegst du das Kind auf dem Traktor.« Ich bin dann schnell nach Hause, habe mich gewaschen und umgezogen und die Hebamme ist mit dem Auto nachgekommen. Zehn Minuten später war der Bub da und zwei Stunden später bin ich wieder aufgestanden und habe meine Arbeit gemacht. Nach den fünf Geburten war aber Ruhe, da hat es mir gereicht.

So beschließt die Anni ihre Reise in die Vergangenheit. Derweil ist der Alois aus der Speisekammer mit einer uralten schwarzen Aktentasche am Sofa angekommen und während die Anni noch erzählt hat, hat er angefangen, die Tasche auszuräumen. Große, filigran gezeichnete Pläne kommen zum Vorschein, die Bauvorhaben der letzten vierzig Jahre auf Hilgenreith. »1970 haben wir den Stall selber gebaut, das war alles meine Idee«, erzählt der Alois stolz. »Acht Meter mal neuneinhalb Meter, so groß haben wir den gebaut. Und eine Halle gleich dazu mit sieben Meter auf 18 Meter.« Einen Architekten hat der Alois, der nie eine Lehre machen konnte, damals nicht gebraucht. Denn das Bauen liegt ihm im Blut, er tüftelt gern, überlegt lange, aber meist mit Erfolg. Auch das große Silo für den Bauernhof hat der Alois gebaut.

Überhaupt ist der Alois für alle Arbeiten rund um das Haus begabt: So hat er das Hausnummernschild fein säuberlich mit einer Schablone selbst gemalt, er macht Vogelhäuschen aus Holz, große Hühnerkäfige und Gartenbänke, die er auch selbst entwirft. Im Dorf ist er bekannt, weil man bei ihm Messer und Scheren schleifen lassen kann. Früher hatte er dafür noch einen alten Schleifstein aus Granit, ähnlich wie im Märchen »Hans im Glück«. Heute arbeitet der Alois mit einer komfortableren elektrischen Maschine, aber das Geschick für das Schleifen hat er sich schon als Kind erworben.

Zu seinen Lieblingsstücken am Hof gehört ein alter rostiger Bagger neben dem Haus, der mehr an Recyclingkunst erinnert als an ein brauchbares Gerät. An ihm schraubt der Alois gern rum: »Ich habe alles selber gelernt«, erzählt der Meister-Heimhandwerker, während er den Keilriemen des Baggers auswechselt. Minutiös löst er alte Schraubenmuttern und legt sie ordentlich beiseite: »Im Dorf drin, da sind manche, die müssen immer gleich in die Werkstatt und das richten lassen. Aber ich will das selber rausfinden«, das gebietet seine Handwerkerehre, aber auch seine sparsame Ader.

Sein klappriges Monstrum mit dem eigentümlichen Namen »Mengele-Bagger« ist über dreißig Jahre alt und ein richtiger Oldtimer. Ein Exemplar davon kann man sogar im Ersten Deutschen Baumaschinenmuseum bei Bamberg bewundern. Mit dem Bagger kann man theoretisch Mist aufladen und wegfahren, aber seit die Sigls keine Kühe mehr haben, ist der Mist immer weniger und der Bagger immer unnötiger geworden. »Ab und zu muss ich ihn ausprobieren, damit er nicht einrostet«, bemitleidet der Alois das riesige Ding. Und zum Test, ob der neue Keilriemen auch funktioniert, setzt er sich auf den Bagger und wirft ihn an. Ein Riesenlärm setzt ein, ein Knirschen, ein Rattern, ein Geächze: Der Mengele-Bagger geht wieder. »Da kannst du dich darennen, da oben«, bemerkt der Alois trocken, während die großen Greifer sich bereits in den Misthaufen bohren.

Manchmal fährt der Alois auch mit dem Traktor in den Wald, weil die Sigls ein kleines Waldstück von einem Viertel Hektar besitzen. Dann macht er mit seiner neuen Kettensäge, die ihm die Anni zu Weihnachten geschenkt hat, Holz klein. Der Alois ist gern im Wald, er schätzt die gute Luft und lauscht dem Pfeifen der Vögel. Schnell muss es nicht gehen, er ist ja sein eigener Herr und die Anni ist auch nicht da, die ihn antreiben würde. »Wenn du keinen Wald nicht hast, dann musst du alles Holz kaufen«, meint der sehnige alte Mann. Und so verbringt er viele Stunden im Wald.

Aber pünktlich eine Viertelstunde vor 12 Uhr mittags verlässt der Alois sein Rückzugsgebiet, stellt den Traktor in der Halle ab, kommt in die Stube rein und geht in Turnschuhen Richtung Esstisch. Weil so genau, so geschleckt geht es bei den Sigls nicht zu. Da müssen nicht alle Teller und Bestecke vom Dekor her zusammenpassen, nicht Servietten am Tisch liegen und alle Anwesenden die Straßenschuhe ausziehen.

Etwas später sitzen Anni und Alois über Eck an ihrem Küchentisch, Ente, Blaukraut und Knödel auf ihren Tellern. Die Knödel tunken sie in die Reine ein, die voller Sauce ist. Eine extra Schüssel für die Sauce – viel zu umständlich. »Mistvieh!«, schreit die Anni plötzlich und haut kräftig auf ihren Oberarm. Endlich hat sie eine der letzten Fliegen im Jahr erwischt, die sie gerade jetzt beim Essen stören muss. Der Alois bleibt davon ungerührt, auch der Appetit vergeht ihm nicht. Er isst einfach weiter, ein großer Fleischesser ist er sowieso nicht. Und das ist ein ganz schönes Schicksal, wenn man weiß, dass die Anni 35 Enten im Jahr nur für sich und den Alois kocht.

Nach dem fetten Mahl legt der Alois sich oft für ein paar Minuten auf das Sofa für ein Mittagsschläfchen. Die Katze Mauckei liegt dann gern auf ihm und schnurrt leise und hingebungsvoll. Gerade als dem Alois die

Augen zufallen wollen, stört ein lautes »Peng – peng!« die mittägliche Pause. Erschreckt springt die Katze auf, der Alois bleibt aber ungerührt, denn er kennt den Übeltäter.

Mitten im herbstlich leuchtenden Obstgarten steht die Anni mit einer Schreckschusspistole. Barfuß, nur eine Sommerschürze hat sie an. So schaut sie eigentlich nicht besonders furchterregend aus, umso skurriler ist es, dass sie immer wieder, scheinbar ohne Ziel, in die Luft schießt. Zwischendurch gönnt sie sich eine Pause und isst noch die letzten Johannisbeeren von den Sträuchern, die rund um sie stehen. Die Anni schießt gern, weil es »so schön schnalzt«, sagt sie. Und sie hat auch wirklich einen Feind: die Eichelhäher, die ihr jedes Jahr drei oder vier Apfelbäume komplett abräumen. »Erwischen wenn ich sie würde«, sagt die Anni wütend, »dann würde ich sie erschlagen.« Dieses Jahr haben die Räuber ihr auch noch den ganzen Birnbaum abgeleert und haben ihr keine einzige Birne zum Essen übrig gelassen. »Das sind richtige Biester«, schimpft die Anni und schießt noch ein paarmal in die Luft. »Da kannst du schießen, was du willst, nach fünf Minuten sind sie wieder da«, steckt sie ihre Pistole wieder in ihre Schürzentasche und tröstet ihren kleinen Kummer mit ein paar süßen Johannisbeeren.

Einen Eimer voller Johannisbeeren nimmt sie später mit in das obere Stockwerk, wo die ehemaligen Schlafzimmer ihrer Söhne liegen. Zwei Zimmer für vier Kinder. Mit altmodischen Schrankwänden, Pokalen von

Schulmeisterschaften, Aufklebern von Popgruppen. Jetzt hat die Anni dort zwei ihrer Gefriertruhen geparkt, wo sie die letzten Johannisbeeren, in Gefriertüten abgepackt, verstaut. In den unbewohnten Zimmern erinnert sie sich an vergangene Zeiten:

Meine Söhne, die haben pariert. Wenn sie nicht auf mich gehört haben, bin ich zum Küchenbüfett gegangen. Dann waren sie gleich weg, weil sie gewusst haben, dass der Kochlöffel rauskommt. Alle vier sind nach Innernzell in die Schule gegangen. Vom Charakter waren sie verschieden, aber ruhig waren sie alle. Und ein wenig verschreckt, weil sie in der Einöde aufgewachsen sind und keinen Kindergarten hat es damals nicht gegeben.

Die Mutter vom Alois ist 1977 gestorben, da war unser jüngster Sohn sieben. Ich musste sie sechs Jahre lang pflegen. Die hatte alle Jahre einen Schlaganfall, sechs insgesamt. Am Ende konnte sie kaum mehr laufen und ich habe sie über die Schulter legen müssen, um sie aus ihrem Zimmer in die Stube zu bringen. Wie das gegangen ist mit Landwirtschaft, Kindern und einem schweren Pflegefall, das weiß ich heute nicht mehr. Geschlafen habe ich oft nichts, mein Bett habe ich nur gesehen, nicht darinnen gelegen. Wenn es der Schwiegermutter schlecht ging, habe ich sowieso auf dem Boden neben ihr geschlafen. Einen Sonntag hat es nicht gegeben, das war eine schwere Zeit. Der Schwiegermutter ging es immer schlechter. Zum Schluss hat sie geschrien, wenn die Kinder das Küchenbüffet aufgemacht haben: »Da sind Diebe im Haus.« Sie hat mich und die Kinder nicht mehr erkannt. Nach dem sechsten Schlaganfall hat sie noch 14 Tage gelebt und dann war es vorbei. Am 5. Januar 1977 ist sie gestorben, um 4 Uhr früh.

Unsere Söhne haben was Gescheites gelernt, alle vier arbeiten heute in der Autoindustrie. Einer als Lackierer, der andere in der Endmontage, der dritte in einem Autohaus und der vierte in einer Autozubehörfirma. Die Buben wohnen alle in Niederbayern, außer einem, den hat es bis nach Memmingen verschlagen. Der letzte Bub ist vor 18 Jahren weg, die haben Weiber kennengelernt, haben eine Wohnung genommen und waren fort.

»Anni«, hört man den Alois von unten schreien. »Anni«, noch mal, »*Verbotene Liebe* beginnt!« Schnell schließt Anni den Deckel ihrer Gefriertruhe und macht sich mit dem leeren Eimer auf den Weg nach unten. Dort läuft der Fernseher schon, die Titelmelodie von *Verbotene Liebe* ist fast zu Ende. Der Alois sitzt lässig in seiner Ecke, die blaue Kappe auf dem Kopf, eine Zigarette zwischen den Fingern. Die Anni lässt schnell den Eimer neben den Ofen fallen und plumpst unsanft neben dem Alois auf das Sofa. Es ist sechs Uhr abends, ein fester Termin, quasi ein *jour fixe* in Hilgenreith.

Seit 1997 läuft *Verbotene Liebe* in der ARD mit jeweils fünf Folgen wöchentlich und die Sigls haben alle Folgen gesehen, außer zwei oder drei. Über viertausend Mal also haben sie die Seifenopfer angeschaut und inzwischen ruft um sechs Uhr abends keiner, der sie kennt, mehr bei ihnen an. »Wenn du es nicht alle Tage anschaust, dann kommst du draus«, weiß die Anni. »Mir gefällt einfach die Sendung. Und gerade die Lästigen, die gefallen mir, wenn sie Krieg unter die Leute bringen.« Dabei schlägt sie sich mit der selbst gebauten Fliegenpatsche aus einem einfachen Stock und einem daran befestigten harten Lederstück fest auf das Schienbein. »Gibst du jetzt eine Ruhe?«, spricht sie die Abschiedsworte für die getroffene Fliege.

Und dann ziehen die noblen Kreise derer von Anstetten, Beyenbach und von Lahnstein in das bescheidene Wohnzimmer von Anni und Alois ein. Intrigen in den Adelsfamilien, komplizierte Partnersuche, große Beziehungskrisen – alles zu Gast in Hilgenreith. Und das in einer Höllenlautstärke, weil die Anni schlecht hört. »Das ist eine ganz andere Welt«, meint die Anni nachdenklich, »das gefällt mir.« Der Alois dagegen hat andere Vorlieben und traut sich zu sagen: »Das schaue ich mir schon an, aber Fußball wär' mir praktisch lieber, wenn Bayern spielt.« Aber da kennt die Anni kein Erbarmen und missbilligend sagt sie: »Freilich, wenn 22 Narrische einem Ball nachrennen, so ein Schmarrn.«

Das Drama auf dem Bildschirm spitzt sich zu: Tränenreich wird gestritten und sich versöhnt. Bei Anni und Alois tritt gespanntes Schweigen ein, bis die Anni sagt: »Die Welt, in der die leben, die wäre nichts für mich. Alles so aufgetakelt und so aufgebauscht.« Letzte Wortgefechte, letzte Irrungen und Wirrungen, Abspann,

Musik, der Adel verabschiedet sich für heute aus dem Einödhof. Und der Alois, der inzwischen zu Ende überlegt hat, bestätigt der Anni: »Bei uns ist es besser, weil wir es so gewöhnt sind, weil wir es einfach nicht anders kennen.«

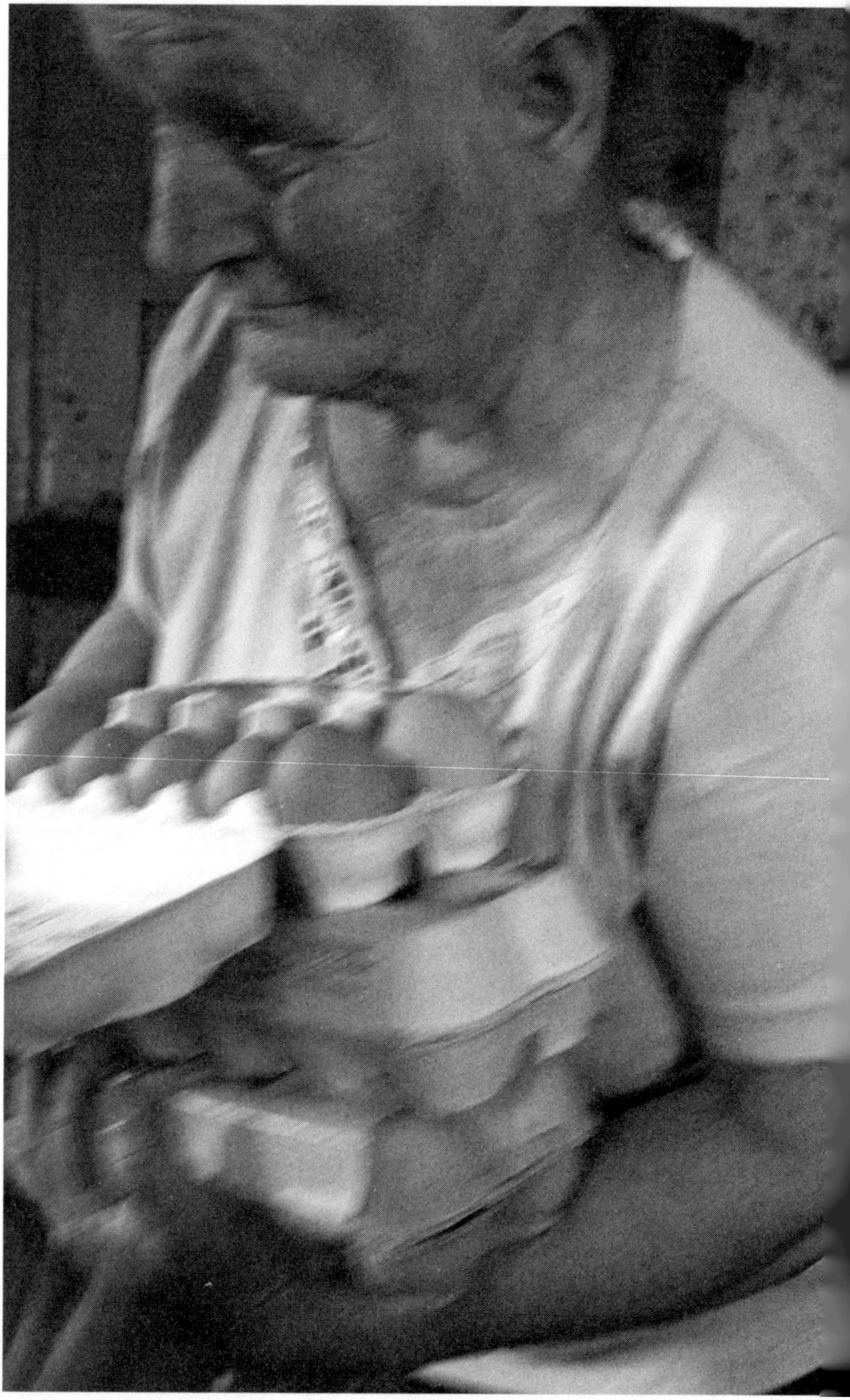

Eierbesuch

Mehrmals in der Woche bekommen Anni und Alois Besuch. Die »Eierbesucher« kennen die beiden alten Leute meist schon jahrelang, sie holen jede Woche eine immer gleiche Menge Eier ab – für sich, ihre Verwandten und Bekannten.

Die Eierbesucher sind gern gesehen bei den Sigls. Manche auch besonders gern, wie die Gisela, die den Obst- und Gartenbauverein Innernzell leitet. Für die Gisela hat die Anni fast immer ein Geschenk parat, deckt den Kaffeetisch und freut sich auf einen gescheiten Ratsch. Die Gisela wiederum lässt nichts auf Anni und Alois kommen, hat meistens auch etwas für das alte Ehepaar in ihrem Körbchen und schätzt die Anni besonders, weil sie sich so gut in Gartenthemen auskennt.

Auf einem einsamen Hof muss man also nicht menschenscheu werden. Die Anni ist nach fünfzig Jahren Hilgenreith genau das Gegenteil davon: offen, lustig, redselig und gastfreundlich.

Die Eier, die braunen und die grünen, bringen Anni und Alois immer wieder die Welt nach Hause. Und dann redet das Ehepaar gern viel, über das Dorf, die Menschen, die Tiere, die Pflanzen und die Gesundheit – eben alles, was einem so einfällt bei einer Tasse Kaffee und Kuchen.

Anni: Gisela, setz' dich hin. Magst du einen Krapfen?
Gisela: Ja, einen kleinen. O mei, Anni du hast heute wieder wenig an. Wenn ich dich seh', dann friert es mich schon. Und natürlich keinen BH …
Anni: Nein, den kann ich nicht brauchen. Den wenn ich fünf Minuten anhabe, dann wird es mir schlecht.

Wie so oft dreht sich das Gespräch nun eine Weile um Annis sagenhafte Kälteunempfindlichkeit. Die Gisela ist beeindruckt, auch ihr fällt dazu eine Anekdote ein:

Gisela (zum Alois hin): Die Anni hat doch letztes Jahr im Winter eine rote Weste angehabt, die mit den tausend Löchern. O mei, die hat ausgeschaut, dann habe ich ihr einfach eine neue, eine gelbe geschenkt.
Anni (fällt ihr ins Wort): Die rote Weste, die hab' ich so gern mögen. Da ist es immer so luftig reingegangen *(alle lachen).*
Gisela (wechselt das Thema): Anni, beim Hergehen habe ich gesehen, dass deine Fasanenhenne tot ist.
Anni (keine Spur von betrübt): Der Teufel, der Fasanenhahn, hat sie erschlagen. Er selber hat ihr den Kopf eingehauen. Komm ich in der Frühe rein, ist die Henne

tot. Der Bazi, und wenn du ihm eine neue reintust, dann ist die in fünf Minuten wieder tot. Der schaut keine Henne an, der hat es nur auf mich abgesehen. Mit mir will er Revierkämpfe führen, der Depp *(lacht laut).*

Es folgen Gespräche über dies und das. Am Stubentisch wird Krapfen für Krapfen verspeist, die Anni schüttet der Gisela noch eine Tasse Kaffee nach.

Anni: Magst du einen Zucker?

Gisela: Nein, ich nehm' lieber Süßstoff *(tut zwei Süßstofftabletten in ihre Tasse).*

Anni (amüsiert sich): Der ist bei mir komplett gestrichen. Im Fernsehen haben sie berichtet, dass die Säu' mit Süßstoff gemästet werden. Da hab' ich gesagt, das ist der letzte, ich brauch' keinen mehr, ich mag nicht noch dicker werden *(lacht).*

Gisela: Anni, hast du schon gehört, der Pfarrer kommt weg. Geht der in eine andere Pfarrei?

Anni: Ist es ihm bei uns zu dumm geworden?

Gisela: Ich weiß es nicht. Der war ein ganz Flotter, da war die Kirche in zwanzig Minuten aus. Da wenn eine Hochzeit oder Beerdigung war, da war der Pfarrer als Erster von der Kirche draußen.

Anni (aufgeregt): Ah, das ist schon besser wie der Niedernzeller Pfarrer, der wird gar nicht fertig. Du sitzt und sitzt und meinst, der schlaft vor dem Altar ein. Wie wir das Schülertreffen gehabt haben, habe ich auf die Uhr geschaut. Eineinhalb Stunden waren vorbei, da war der immer noch bei der Wandlung. Und zwei Stunden hat er braucht, bis er mit der Kirche fertig war.

Gisela (schaut auf den Tisch): Du hast aber heute ein schönes Kaffeegeschirr, Anni. *(Zum Alois, seufzt):* Ja, sie hebt ja alles auf.

Anni (eifrig): Ich hab' vier Garnituren Kaffeegeschirr. Die erste habe ich mir in München für die Aussteuer gekauft. Von der Aussteuer habe ich auch noch die Bettwäsche, die ist aus Damast *(voller Bewunderung).* Die ist noch so in Zellophan verpackt, wie ich sie gekauft hab'. Und Handtücher habe ich noch solche *(Anni zeigt mit ihren Händen eine große Menge)* Stöße oben im Schrank. Da liegen die schon fünfzig Jahre, die hab' ich kein einziges Mal benützt.

Gisela (ungläubig): Was tust du denn mit dem ganzen Sach'?

Anni (verteidigt sich): Die alten Handtücher, die habe ich schon weggetan. Aber meine Schwester schickt mir alle Jahr' zwei oder drei Bettwäschen und heuer hat sie mir ein ganzes Kaffeegeschirr geschickt.

Gisela (empört): Tu' halt die alten Sachen weg, Anni. Alles aufheben ... *(sie seufzt)* hinter dir wird auch alles weggeworfen.

Anni (lächelt verschmitzt): Ja, aber das krieg' ich nicht mehr mit. Dann ist es mir wurst.

Gisela (muss auch lachen): Ja, die Anni. Wir kennen uns schon lang, ewig lang. Wir haben daheim eine große

Landwirtschaft und Obstbäume, da ist die Anni Profi. Seit 14 Jahren bin ich Vorstand vom Gartenbauverein Innernzell. Wenn wir Obstbaumschnitt machen und veredeln, da hilft uns die Anni. Die weiß alles, die Frau Professor. Im Sommer machen wir auch Ausflüge, aber da fährt die Anni meistens nicht mit, weil es ihr zu heiß ist. Wenn wir irgendwo hinkommen, egal ob Plattling oder Landshut, dann fragen die Leute gleich: »Wo ist die Anni? Wo habt ihr denn die Anni?«

Anni (stolz): Mich kennen mehr Leute, als ich sie kenne. Ich bin bekannt wie ein bunter Hund.

Gisela (eifrig): Ja, die Anni bringt halt was. Die ist belesen, die hat ein Wissen, das kann man sich nicht vorstellen, die kann sich mit allem helfen.

Eine halbe Stunde später. Die Krapfen sind aufgegessen, zwei Tassen Kaffee für jeden reichen. Sonst kann man nicht mehr schlafen heute Nacht. Gisela will langsam aufbrechen, aber hat sich noch mal festgeratscht. Sie will noch etwas loswerden:

Gisela (zu uns): Solche Leute wie die Anni und den Alois, die gibt es doch heute nicht mehr. Wenn man reingeht in die Stube, dann fühlt man sich wohl. Die Möbel, der Fußboden, da denkt man zurück, so haben wir es früher auch daheim gehabt. Und dann die Gemütlichkeit und Ruhe: Der Alois, der raucht wieder eine, und alle beide erzählen mir ihren Tagesablauf. Sie sind beide so zufrieden mit dem, was sie haben, und das ist nicht viel. Ich sag' oft: »Anni, wie kommst du mit dem wenigen Geld gerade so rum?« Aber da hörst du kein Jammern. Das ist das, was mir so zu Herzen geht, dass sie beide so zufrieden sind. Und egal, wer sie besucht, geht zufrieden aus dem Haus raus, weil die beiden so fröhlich sind.

Die Kaffeetafel löst sich auf. Gisela hat es nun eilig, zu Hause wartet ihre pflegebedürftige Schwiegermutter.

Gisela (über ihre Schwiegermutter): Die ist jetzt 96 Jahre alt und unterhält sich nur noch mit ihrem Jugendfreund, nur mit dem. Wenn ich ihr zu essen gebe, dann legt sie ihm eine Scheibe Brot rüber, sie gibt ihm auch den Löffel. Da unterhält sie sich von morgens bis abends mit ihrem Hans und redet mit sich selbst. Der Hans, ihre erste Liebe, der ist aber gefallen im Zweiten Weltkrieg. Aber sie redet nur mit ihm und dann lacht sie. Die kann lachen. Sie lacht bis in die Nacht rein.

Alois (verständnisvoll): Es ist einfach so, manche haben diese, manche haben eine andere Krankheit. Da kann man nichts machen.

Gisela (zustimmend): Ja, das stimmt, Alois. So, jetzt muss ich wirklich gehen. Pfüa Gott, bis bald. Einen schönen Tag noch.

Anni geleitet die Gisela noch bis zur Tür. Sie winkt ihr zum Abschied: Man wird sich wiedersehen, so Gott will. Bis dahin werden die Sigls weiter ihr ruhiges Leben auf ihrem Einödhof führen. Frei nach dem Motto: Allein sein zu *müssen*, ist das Schwerste, allein sein zu können, das *Schönste*, was es gibt.

Vorräte

Kalt und ungemütlich – so telefoniert die Anni mit ihrem altmodischem Schnurtelefon in die weite Welt. Ohne Ehrfurcht hat sie es auf die Waschmaschine in ihrem Hausgang gestellt, der im Winter nie geheizt wird. Dort steht sie lässig mit dem Ellenbogen auf den weißen Klotz gelehnt. Und das oft lange, denn die Anni ratscht und lacht ja gern.

Von der Anni wird man, wenn sie einen mag, regelmäßig angerufen. Seit wir uns bei den Dreharbeiten kennengelernt haben, möchte die »Siglin« immer wieder wissen, wie es meiner Mutter geht oder wie ich mit der Arbeit vorankomme. Sie selbst erzählt Neuigkeiten von ihrer Geflügelzucht, den täglichen Arbeiten im Garten oder von den vielen neugierigen Besuchern. Vom Alois dagegen berichtet sie nur auf Nachfrage. Der Alois geht auch nie hin, wenn das Telefon klingelt. Er bleibt auf dem Sofa sitzen, schreit kurz für die Anni: »Telefon!«, und sagt entschuldigend: »Ja mei, die wollen doch eh nur die Frau sprechen.« Und was kann er schon über alte Apfelsorten, Geflügelprobleme oder spezielle

Gartentipps reden. Das Telefon, das ist der Frau ihre Sache – da tut der Alois keinen Schritt.

»Magst du einen Holundersaft?«, hat mich die Anni schon am Telefon gefragt. »Und brauchst du Eier? Und Marmelade habe ich auch wieder gemacht, die mit den acht Früchten. Hast du die schon mal probiert?« Das fragt sie allerdings immer wieder, obwohl sie eigentlich weiß, dass ich kein Marmeladenliebhaber bin. »Die Ente, die du bestellt hast, der ist es schon an den Kragen gegangen. Die kannst du mitnehmen, die liegt in der Gefriertruhe und hält Winterschlaf – aber für immer«, teilt sie mir am Ende des Telefonats noch mit.

Im Spätherbst ist bei der Anni Ernte-, Schlacht- und Einmachzeit. Und jetzt, Anfang November, hat die Anni ihren Keller, ihre Speisekammern und ihre drei großen Gefriertruhen endlich voll. Ihr ganzer Stolz ist heuer die neue Gefriertruhe mit 360 Litern Fassungsvermögen. Für 800 Euro hat sie sie vom Elektriker gekauft, ein wahres Monstrum, das sich von selbst beschwert, wenn der Deckel zu lange offen steht. »Piep, piep, piep«, motzt der neue High-Tech-Mitbewohner, während Anni mir seelenruhig ihre tiefgefrorenen Schätze zeigt.

»Gefriertruhen sind für mich das Wichtigste, was es gibt«, sinniert sie über ihre modernen Helfer, »ich hab' drei Gefriertruhen, die eine hat 100 Liter, die andere 360 Liter und die dritte 200 Liter. Und die brauch' ich sauber im Winter«, erklärt sie weiter. »Piep, piep, piep«, meldet sich der neue Klotz in Weiß wieder, als ob er zustimmen würde. Aber die Anni ist ziemlich schwerhörig und wenn sie mal so im Redefluss ist und ihre Geschichten erzählt, dann hört sie kaum mehr etwas.

»Früher hat man gar nichts einfrieren können«, erinnert sich die Anni. »Da hat man entweder alles in Dosen getan oder in Gläser eingeweckt. Das Fleisch hat man eingepökelt. Aber ich friere jetzt seit Jahren alles ein, was ich brauche. Das ganze Grünzeug für meine Hennen, Oregano, Petersilie, Schnittlauch, Fenchel, Karotten, das friere ich ein und dann kriegen meine Hennen auch im Winter was Gescheites zum Fressen. Dann werden die Eier schön gelb und nicht so blass wie der Tod von Altötting«, führt sie ihre Erklärung zu Ende und schließt die Gefriertruhe, was diese mit einem letzten schwachen »Piep, piep, piep« goutiert.

Die Anni ist eine Expertin der Gefrierkunde. Denn Einfrieren ist nicht gleich Einfrieren, und die Anni weiß sogar, wie man flüssige Hühnerbrühe einfriert: »Die Brühe tue ich in einen Topf und stelle sie in eine leere Gefriertruhe, ganz unten. Kurz bevor sie ganz gefroren ist, hole ich mir die Gefriertüten. Dann tue ich sie aus dem Topf raus, rein in die Tüten und habe das ganze Jahr Hühnerbrühe. Die ist gut«, da ist Anni überzeugt, »vor allem im Winter gegen Grippe.«

In Annis Gefriertruhen findet sich so manches, wie zerstückelte Hühner, Enten und Gänse, Gehobeltes oder sogar ganze Tomaten. »Wenn ich nichts einfriere, dann muss ich alles kaufen. Und bei 550 Euro im Monat kann man nicht mit dem Geld umeinanderhauen und alle Augenblick' fortlaufen zum Einkaufen«, erklärt sie überzeugt ihre eiserne Sparphilosophie.

Überhaupt ist Einfrieren auch praktischer, meint sie noch. Denn »Rumbatzeln« nur wegen ein paar Semmelknödeln, zum Beispiel, so was fängt sie gar nicht an. Das muss schon eine gescheite Portion sein, ja zwanzig Knödel, das lohnt sich eher zum Kochen. Den Teig dafür macht die sparsame Anni auch nicht mit Hühnereiern, sondern mit Enteneiern, die sie nicht verkaufen kann, weil sie keiner will. Schmeckt genauso gut – da ist sie sich sicher. Von den zwanzig Knödeln werden dann zwei gegessen und 18 eingefroren. Genauso wie sie das Blaukraut nur einmal in einer großen Menge hobelt und hauptsächlich in Gefrierbeuteln lagert. Ente, Blaukraut und Knödel – so ein wunderbares, wohlschmeckendes und selbst gemachtes Sonntagsessen kommt bei der Anni komplett aus der Gefriertruhe, da ist die Selbstversorgerin ganz unromantisch.

»So, jetzt geh' mit rauf«, winkt sie mir zu und geht schon Richtung Hausgang. Der Alois dagegen bleibt auf dem Sofa sitzen mit seinen Zigaretten. Die Kappe auf dem Kopf, ruhig, vor sich hin pfeifend – wie immer fast tonlos. Er kennt ja sowieso alles schon und außerhalb der Stube ist für ihn ab Herbst Alarmstufe Rot, das heißt: überall viel zu kalt.

»Ist es kalt oben?«, frage auch ich die Anni. Und schon in dem Moment, wo ich frage, ist mir klar, dass ich mir das genauso gut hätte sparen können. Denn die Anni über Kälte und Wärme zu fragen, ist bekanntermaßen wie von einem defekten Thermometer die Temperatur ablesen zu wollen. Denn wer im kurzärmeligen T-Shirt im Januar im offenen Traktorhäuschen zwei Kilometer ins Dorf fahren kann, der muss eine Art Eskimo sein, der in Bayern wiedergeboren worden ist.

»Nein, da ist es nicht kalt«, antwortet sie beruhigend und marschiert los über die Stiege rauf. Im ersten Stock im Gang hat die Anni heuer etwa drei Zentner von ihren Apfelsorten in Obstkisten gelagert. Meist völlig unorthodox und unpoetisch mit einem dicken Permanent Marker beschriftet – rund um den Stiel der Frucht. So kann Anni die verschiedenen Sorten auseinanderhalten und schälen muss sie die Äpfel zum Essen sowieso. Denn mit ihren drei Zähnen kann sie ihre geliebten Äpfel nur gerieben essen.

»Santana«, »Ravenna«, »Gerlinde«, »Topaz« – etwa 70 Sorten Äpfel lagert die Anni in dem kalten Gang, der in einem ungewöhnlichen Moosgrün gestrichen ist. Sechs Türme aus aufeinandergestapelten Obstkisten – das ist die Belohnung für wochenlange Arbeit in ihrem Obstgarten. Kleine Äpfel, große, grüne, rote, glockenförmige, birnen- oder kugelförmige – die Anni kennt alle Apfelsorten beim Namen und gern nimmt sie aus den Kisten einen Apfel nach dem anderen in die Hand und zeigt ihr Wissen über die Haltbarkeit und den Geschmack der einzelnen Äpfel.

»Das ist der ›Eisapfel‹, der braucht lange, bis man ihn essen kann«, hält sie einen kleinen grünen Apfel in die Höhe. Besonders appetitlich wirkt die grüne Kugel nicht, aber dieser dicke rotbackige Apfel dort? »Ja, das ist mein Lieblingsapfel«, strahlt die Anni. »Das ist der ›Topaz‹, der ist einmalig gut und kann man auch gut lagern.« Und da, ein Apfel, so eine Form und eine gleichmäßig grüne Farbe, wie man ihn aus dem Supermarkt kennt? »Das ist ein ›Golden Delicious‹, das ist die einzige Apfelsorte, die bei mir schorfig wird. Dem passt das kalte Klima bei uns nicht. Andere spritzen den zehn- bis fünfzehnmal im Jahr, aber für mich ist der nächstes Jahr gestorben«, empört sich die Anni. Und verächtlich legt sie den Apfel wieder zurück in seine Kiste.

Annis Apfelturm bietet Kennern eine Symphonie aus verschiedenen Geschmacksnoten. »Ein jeder Apfel schmeckt anders«, das fasziniert die leidenschaftliche Apfelzüchterin. Obwohl sie mit ihrer mageren Rente im landläufigen Sinne sicher als »arm« zu bezeichnen wäre, legt sie Wert auf gutes Essen. »Im Supermarkt würde ich mir nie einen Apfel kaufen«, fängt die Anni zu schimpfen an. »Die Äpfel dort, die stinken ja bis ins Kernhaus rein vor lauter Spritzmittel. Die kann man abschälen wie man will, dann stinken sie noch«, beendet sie ihren kleinen Wutausbruch und sucht sich für den Nachmittag noch zwei Äpfel raus. Schnell lässt sie diese in ihre Schürzentasche verschwinden und schlappt mit ihren alten Filzpantoffeln weiter zur nächsten Vorratskammer, ein wildes Zimmerchen im oberen Stock, das früher ihre Schwiegereltern bewohnt haben. Eigentlich zeigt es die Anni nicht gern her, aber weil wir uns schon so gut kennen, öffnet sie mir doch die Tür. Auf etwa acht Quadratmetern stauen sich hier ein alter Herd, gusseiserne Schöpflöffel, diverse Pakete Kohleanzünder und große Kartons voller Glühbirnen.

In einem alten hölzernen Küchenbüfett, das auch noch von Alois' Eltern stammt, hat sie Geschirr und Gläser verstaut – ehemals alles Geschenke von Schwestern, Nachbarn und Bekannten. »Schau her, die sind noch genauso eingewickelt, wie ich sie bekommen habe«, sagt sie und zieht aus einer Plastiktüte am Boden Gläser, die mit einem grauen Papier umwickelt sind. »Das sind Römergläser für den Wein, aber wir trinken überhaupt keinen Wein«, lacht sie und packt die immer noch eingewickelten Gläser wieder zurück. Ob sie jemals benützt werden? – Wahrscheinlich nicht. Und für was sie so etwas aufhebt, weiß die Anni manchmal selbst nicht so recht.

150 Kilo Weißkraut, Chinakohl, Zuckerhut und 80 Kilo Zwiebeln lagert die Anni auch in dem kleinen Raum, der bis oben hin voll ist, meist bis in das Frühjahr hinein. Dank Vorratshaltung und Gefriertruhen muss die Anni im Winter höchstens alle vier Wochen zum Einkaufen nach Innernzell fahren. Und wenn es das alte Ehepaar gehörig einschneit, dann kommen sie trotzdem durch und müssen bei dem ganzen Vorrat nicht verhungern.

In der Ecke der kleinen Kammer stehen auch noch drei große Töpfe aus brauner Keramik – beschwert mit einem riesigen Granitstein. Darin pökelt die Anni ihr

Schweinefleisch selbst, ein Brauch, der weitverbreitet ist im Bayerischen Wald. Das eigene »G'selchte«, ein mit Salz, Zwiebeln und Wacholderbeeren eingelegtes Fleisch, wird drei Wochen lang »gesurt«. Danach hängen es die beiden Selbstversorger auf dem Dachboden direkt in den Schornstein hinein – ihre hauseigene Räucherkammer. So entsteht eine kleine fetthaltige Delikatesse, nach der man gut einen Schnaps vertragen kann.

»Ich geh' immer rückwärts die Treppe runter – wegen meinem Kreuz«, schnauft die Anni, während sie die hölzerne Stiege wieder runtersteigt. Ihre Schürze ist ein wenig ausgebeult von den Äpfeln, die sie eingesteckt hat. In der Stube ist es inzwischen dämmrig geworden, nur die Rauchschwaden von Alois' Zigaretten zeichnen ein Muster in der Luft. Energisch holt sich die Anni aus dem Küchenbüfett eine einfache Reibe. Wortlos nimmt sie Platz am Tisch, zieht die Äpfel aus ihrer Schürze und fängt an, Apfel für Apfel zu reiben. Neugierig reckt Alois den Hals, um zu sehen, was die Anni auf dem Küchentisch macht.

»Ist das ein süßer Apfel?«, fragt er, um ein Gespräch zu beginnen.

»Ja, der ist süß, das ist der ›Resi‹, ein Kinderapfel«, erwidert die Anni beiläufig. Und etwas lauernd fragt sie harmlos nach: »Magst du auch einen?«

Aber der Alois schüttelt sofort den Kopf, weil Äpfel, das ist nicht seine Sache.

»Wenn ich einen Apfel esse, dann sagt sie zu mir ›Schmeckt dir auch mal wieder ein Apfel?‹«, erklärt er mir vom Sofa aus. Bei dem Satz grinst die Anni leicht in sich hinein und fängt mit einem kleinen Löffel an, die geraspelten Äpfel zu essen. Zwischendurch muss sie immer wieder hüsteln, als ob sie sich gleich verschlucken würde. »So viel Äpfel essen macht sicher dünner«, lästert der Alois ohne Erbarmen. Und erntet dabei einen Anni-Blick der besonderen Sorte und den Satz: »Wegen den Äpfeln wird man auch nicht dünner. Weil wenn das so wäre, dann wäre ich längst viel dünner.«

Um Annis Empörung wieder etwas zu mildern, lenkt der Alois wieder ein und stellt fest: »Ja, aber die Kartoffeln, da wirst du dick davon.« Und erleichtert fällt die Anni ein: »Freilich wird man da dick davon. Da sagen sie im Fernsehen immer, Kartoffeln machen schlank. Ja, den möchte ich sehen, der davon schlank wird. Früher hat man die Säu' mit Kartoffeln gefüttert und die sind kugelrund davon geworden.«

Schnell hat die Anni nebenbei ihre Äpfel fertig gegessen: »So, jetzt ist es gar«, sagt sie und schiebt den leeren Teller zur Seite. Von hinten ertönt wieder das tonlose Pfeifen vom Alois. »Ja, fertig. Amen.«, sagt er und zündet sich die nächste Zigarette an.

Der Advent kommt

Wenn die Anni aus dem Bett aufsteht, ihre Haare offen, mit nackten Füßen in den alten Filzpantoffeln, die hölzerne Stiege vorsichtig runtersteigt, dann die Stubentür, die knarzige, öffnet und den Ofen anheizt – dann ist es meist erst 5 Uhr morgens und jetzt, Ende November, bitterkalt. An einem Wintermorgen wie diesem steht die Anni immer alleine auf, ihr Mann Alois bleibt lieber im warmen Bett unter dicken Decken, gefüllt mit Gänsefedern, liegen. Anni legt dagegen nun Scheit für Scheit in den Ofen. Zum ersten Mal an diesem Tag erwacht das alte Stück, knistert und faucht, bis die Anni die blecherne Ofentür scheppernd schließt. Dass der Ofen jeden Tag wieder zum Leben erweckt wird, hat er nur dem Alois zu verdanken, denn wenn es ihn und seine Verfrorenheit nicht gäbe, dann würde die Anni nie einheizen. Als der Alois einmal im Winter für eine Woche ins Krankenhaus musste, hat sie den Ofen nur zum Kochen angeheizt und war glücklich in ihrem Klein-Sibirien, in ihrer kalten Datscha mitten im Bayerischen Wald.

Noch immer im dünnen Sommernachthemd, geht die Anni raus vor das Haus, ins Dunkel. Ein kurzer Blick auf das Dorf mit seinen wenigen erleuchteten Fenstern bestätigt ihr, wieder einmal einer der Ersten zu sein, die im Winter aufgestanden sind. Von Ferne hört man den ersten Hahn krähen – eher kläglich und heiser als entschlossen und freudig, die Menschen aufzuwecken.

Mit schnellen Bewegungen und ohne Waschlappen wäscht die Anni sich in dem kleinen Granitbecken, wo sich das frische Quellwasser sammelt. Umsonst und eisig kalt ist das Wasser, deshalb mag es die Anni so gern. In ihrem müden Gesicht haben sich schnell erste Schneeflocken niedergelassen, frech bläst ihr eine leichte Windböe in die ungekämmten Haare. Mit geschlossenen Augen putzt sie ihre drei spärlichen Zähne, nicht allzu lange, aber dafür mit Tempo. Ausgespuckt wird auf das Pflaster vor dem Haus, einmal, zweimal, dreimal – fertig ist die Morgenwäsche. Keine Creme, keine Schminke, nichts benützt die Anni. Ein Parfüm, das »g'schmeckerte Wasser«, wie sie gern abfällig sagt, ist nur etwas für verweichlichte und verzogene Menschen.

Ohne nur einmal Gänsehaut zu bekommen, beendet die Anni ihr morgendliches Waschritual. In der Stube kämmt sie sich, zieht sie sich an, geht in den Hausgang, macht das Futter für ihre Hühner – mit bloßen Händen zerdrückt sie gekochte Kartoffeln. Vermischt mit geschrotetem Getreide, klein geschnittenen Äpfeln und vielen Kräutern aus ihrer Gefriertruhe wird dieses

Frühstück von ihrem Federvieh schon sehnlichst erwartet. »Ich bin gerne im Stall«, sagt die Anni, während sie die Türe öffnet. »Ich brauch' die Tiere, auch wenn es manchmal Arbeit macht, aber ich mag mit den Hennen und den Enten schmusen.«

Ein lautes Gegacker, Auffliegen, ein kleiner Tumult – die Anni hat den Stall betreten, die Heimat ihrer Tiere, die sie liebt, verzieht und dann schnell und fast schmerzlos tötet. Aber es gibt auch Ausnahmen wie zum Beispiel die große Ente, die sie »Madame« oder »Fräulein« nennt. Etwas lieblos packt die Anni das weiße Prachtvieh am Hals, zieht es raus aus seinem kleinen Extrastall, streichelt ihm über den Kopf. Amüsiert lässt sie sich von dem Tier in die Finger zwicken und erzählt dabei die Geschichte von einer ganz besonderen Ente:

Die Ente ist jetzt sechs Wochen alt und hat bei uns drei Wochen lang in der Stuben mit gelebt. Eigentlich hab' ich acht Eier im Brutapparat gehabt, aber nur eines ist ausgeschlupft und die anderen sieben waren licht, also da war nichts. Ja, und die eine Ente ist praktisch wie unser Kind geworden. Die hat sogar bei uns Fernsehen mitgeschaut und ihren Kopf die ganze Zeit aus der Schachtel rausgestreckt. Bei uns heißt sie »Madame«, weil sie ein Weiblein ist. Nach drei Wochen hat die kleine Ente dann doch in den Stall müssen und da hat sie Zeter und Mordio geschrien, den ganzen Tag. Da hat sie mir schon leidgetan und dann habe ich mich einfach zu ihr in den Stall reingesetzt, bis sie sich dran gewohnt hat. Die Madame ist mein Liebling, die läuft mir immer nach wie ein kleiner Hund, überall wo ich hingehe. Die anderen Enten akzeptiert sie nicht, nur mich. Die Madame schlachte ich nicht, die bleibt zur Zucht. Ab und zu habe ich schon etwas behalten, was mir leidgetan hat, zum Beispiel den Fasan da drüben. Den habe ich als Junges gekriegt und jetzt ist er schon zehn Jahre alt. Der ist für nichts gut, er kriegt halt von mir sein Gnadenbrot, der boshafte Teufel. Aber die Madame muss jetzt wieder zurück in ihren Stall. Ja, du gehst ins Bett, Fräulein, du bist ja ganz nass, hast du wieder so viel mit dem Wasser rumgespritzt, du Madame, du?

Entschlossen packt die Anni ihre anhängliche Madame am Hals und setzt sie zurück in ihren Stall. Ein kurzer Gang zu den Hühnernestern ist erfolgreich: Sechs Eier steckt Anni in ihre Schürzentaschen, die erste Arbeit für heute ist verrichtet.

Derweil ist der Alois aufgestanden, hat eine Tasse Kaffee getrunken und dazu ein Stück vom ersten Christstollen gegessen. »Im Winter stehe ich nicht so früh auf, wenn es nicht sein muss«, sinniert er am Küchentisch. »Wenn es auch kalt ist, kann man nichts machen«, fügt er sich in sein Winterschicksal und wippt dabei leise mit seinen Schuhen. Nach dem Frühstück steht er wortlos auf, dreht sich 180 Grad um die eigene Achse und schafft es so, genau auf seinen Platz am Kanapee zu gelangen, seine Ecke, in die die Anni oder ein Besucher sich nie setzen würden. Frischen Wind bringt die Anni hinein, die jetzt vom Hühnerstall zurückkommt, mit Schwung und voll in Fahrt. »Bist du auch schon aufgestanden?«, fragt sie – noch halb in der Türe stehend. Der Alois klopft sich lässig mit einer weißen Papierrolle auf den Oberschenkel und lässt sich nicht aus der Ruhe bringen. »Haargenau«, antwortet er bedächtig, »weil die Sonne schon scheint.« – »Und hast du schon gefrühstückt?«, interessiert die Anni sich weiter. »Jawoll«, kommt es fast im militärischen Tonfall aus der Alois-Ecke zurück, »aber der Stollen, der bröselt so. Ein Kuchen wäre mir praktisch lieber gewesen«, schließt er seine morgendlichen Überlegungen ab.

Während die Anni in der Stube rumwirbelt, während sie *sein* Frühstücksgeschirr abräumt und *seine* Brösel vom Tisch wischt, verfolgt der Alois alles genau. Sein Blick folgt Anni wie einem unruhigen Punkt, den man nicht festhalten kann. Genau so, als würde der Alois seelenruhig am Fenster stehen und zusehen, wie der Wind draußen durch die Bäume fährt. »Ich kann jetzt praktisch nichts tun«, resümiert er nach einer Minute Zuschauen. »Nein«, bestätigt ihn die Anni, »du kannst ja morgen auch was tun«, sagt sie ganz mitfühlend, weil ihr auch nichts an Arbeit für den Alois einfällt.

Sie selbst wirbelt weiter, nimmt den Einkaufszettel, holt eine große Plastiktüte, zieht sich ihre riesigen Turnschuhe an und ausnahmsweise auch mal eine Strickjacke, grellrot. Dann ist sie zur Stubentür hinaus. In der Wagenhalle klettert sie gelenkig auf den Traktor, ein Uraltmodell der Marke »Fritzmeier«, fackelt nicht lange und wirft den Motor an. Ein Auto haben Anni und Alois nie besessen, auch weil dafür und für den Führerschein nie genügend Geld da war. So machen sie bis heute alle Einkäufe, alle Arzt- und Gottesdienstbesuche mit dem Traktor, den sie »Bulldog« nennen.

Mit Schnee überzuckert liegen die Gipfel des Bayerischen Waldes heute da, davor breitet sich das Dorf Innernzell aus, ebenfalls in mildes Weiß gehüllt. Gnädig wärmt die Wintersonne die beladenen Hausdächer. »Tuck-tuck-tuck-tuck«, arbeitet der Traktormotor brav jeden Meter ab. Die Anni sitzt gelassen in der rundum transparenten Führerkabine, wie in einem »Papamobil«, und winkt den Menschen auf der Straße freundlich zu. Sie kennt ja jeden im Dorf und jeder kennt sie. Nach zwei Kilometern Fahrt biegt die Anni auf den Parkplatz des einzigen Supermarktes im Dorf ein. Rasch holt sie einen Einkaufswagen, die Türe öffnet sich und der Ausflug in das Einkaufsparadies beginnt.

Alle vier bis fünf Wochen geht die Anni einkaufen und dabei gibt sie jedes Mal zwischen 15 und 20 Euro aus. Essig, Salz, Nudeln, Kaffee, Zucker oder Brot stehen dann auf Annis Einkaufszettel, den sie vor Ort in einem erstaunlichen Tempo abarbeitet. »Mich reizt das nicht, was in den Geschäften rumsteht«, erzählt sie auf ihr Einkaufswägelchen gelehnt, »die vielen Sachen, die sind für mich Luft, da kann es noch so viel Auswahl geben.«

Für den Supermarkt in Innernzell also ist die Anni keine ideale Kundin. Eigentlich könnte man hier auf den wohlsortierten 500 Quadratmetern alles einkaufen, vom Apfelmus, Risottoreis bis zur Zahnseide. Doch entweder macht die Anni alles selbst zu Hause oder sie braucht es einfach nicht. Die Welt des Konsums, der riesigen Auswahl, des Überflusses – diese Welt betritt die Anni nur ungern und verlässt sie möglichst schnell wieder. Die Farben, die Formen, die Gerüche, die Werbesprüche, die Supermarktmusik – eigentlich sollten sie ein Rausch für die Sinne für jemanden sein, der schon so lange auf einem Einödhof lebt. Aber die Anni klammert sich lieber eisern an ihren Einkaufszettel und schimpft vor sich hin: »Wo haben sie denn jetzt die Gefriertüten versteckt? Und wo haben sie das andere Zeug wieder hin?«

Schnell fährt sie von Regal zu Regal und nimmt genau das mit nach Hause, was sie aufgeschrieben hat. Den Inhalt ihres halb leeren Einkaufswagens erklärt sie so: »Ich brauche Gefriertüten, weil wenn ich Gänse schlachte, muss ich sie alle einfrieren, bis sie abgeholt werden. Einen Puderzucker brauch' ich auch, zum Backen für die Plätzchen, und auch Suppennudeln. Und dann habe ich mir noch eine schwarze Strumpfhose gekauft, wenn eine Beerdigung ist.« Fast im gleichen Atemzug ruft sie der Verkäuferin, die gerade vorübergeht, laut nach: »Habt ihr noch Vogelfutter draußen?«

Innerhalb von zehn Minuten ist die Anni mit ihrem kurzen Rundgang fertig und am Gebäckstand gelandet. Dort holt sie ihre uralte Plastiktüte heraus, deren Schrift noch kaum zu lesen ist. »Jetzt gibst du mir noch drei Wecken Brot«, sagt sie energisch zu der Backwarenverkäuferin. »Hast du Taschen dabei?«, fragt die zurück, ohne irritiert zu sein. »Ja, aber meine Papiere muss ich ausräumen«, erwidert die Anni und kramt aus den Untiefen ihrer riesigen Plastiktüte eine winzige durchsichtige Brotzeittüte hervor, in der sie ihren Traktorführerschein eingewickelt hat. »Sonst, wenn mich die Polizei erwischt, liegt der Führerschein ganz unten und ich muss die ganzen Brote erst ausräumen.« Die kurzhaarige Verkäuferin nimmt die alte Tüte entgegen und legt die großen Laiber Brot hinein. »Die muss ich daheim einfrieren«, erklärt ihr währenddessen die Anni und lacht: »Ich brauch' immer einen Vorrat.« Die energische Verkäuferin fällt Anni fast schon wieder ins Wort: »Eine Reserve braucht man, wenn es jetzt zuschneit.« Aber diesen Satz sagt sie nicht ungebüßt, denn sofort richtet sich die Anni auf und widerspricht mit Inbrunst: »Mich schneit es nicht ein. Da kann Schnee kommen, was will, ich komme aus.« Beeindruckt lacht die Verkäuferin kurz, sie kennt die Sprüche von der Anni.

Sowieso ist die Anni eine kleine Berühmtheit im Dorf – auch weil sie schon oft im Fernsehen zu sehen war. »Fernsehstar« nennen die Einheimischen die Anni ab und zu, wenn sie unterwegs ist. Die meisten sind amüsiert oder voller Anerkennung und die, die neidisch sind, sagen gar nichts. Der Anni selbst ist das egal. Ob Anerkennung oder nicht, ob Aufmerksamkeit oder nicht – ihr Leben ist auch ohne Filme über sie, ohne Zuschauerpost glücklich und zufrieden. Wahrscheinlich stimmt das Sprichwort »Bescheidenheit ist eine Zier« bei ihr tatsächlich – wenn Bescheidenheit ein In-sich-Ruhen, ein Genügsam-sein, eine einfache Akzeptanz, dessen, was ist, bedeutet. »Bescheidenheit muss man als Kind schon lernen«, das weiß die Anni, »als Erwachsener lernst du es nicht mehr.« Und dazu hatte sie in ihrer armen Kindheit Zeit und Anlässe genug.

In der warm geheizten Stube sitzt die Anni später mit nackten Oberarmen auf einem Holzschemel, den der Alois für sie gemacht hat. Normalerweise ist das ihr Enten- und Gänserupf-Schemel, aber heute bindet die Anni einen Adventskranz aus Tannenzweigen. Den Bogen, um den sie die Zweige fein säuberlich und akkurat windet, hat sie selbst aus Weidenästen gefertigt. Das Binden des Adventskranzes ist wie so vieles im Haus ihre Domäne, etwas, das sie schon immer allein gemacht hat, wo der Alois nicht hinlangen darf, weil das nur Zeit kostet und das Ergebnis eher schlechter wird. Konzentriert, mit roten Backen und mit ihrer dicken Brille sitzt die Anni da und windet die klein geschnittenen Zweige um ihren Bogen und zieht alles mit einem Bindfaden fest.

»Wie ich noch ein Kind war, haben wir die Kerzen für den Adventskranz selbst gemacht«, kommt die Anni ins Erzählen. »Das Wachs haben wir sowieso von den Bienen gehabt, dann haben wir einen Zwirn genommen und mehrere Fäden mit der Strickliesl gehäkelt, so haben wir den Docht selbst gemacht. Derweilen war auf dem Herd schon das Wachs geschmolzen. Wir Kinder haben dann das flüssige Bienenwachs auf ein Papier gegossen, den Docht daraufgelegt und das Ganze zusammengerollt. Fertig waren unsere Kerzen, die nichts gekostet haben.«

In einer kleinen Redepause fragt der Alois, der sich jetzt auf dem Sofa aufgerichtet hat, interessiert: »Hat das nicht lange gedauert?« Die Anni antwortet resolut: »Das ist wurst gewesen, wir haben doch damals Zeit gehabt als Kinder, da hat es noch keinen Fernseher gegeben. Auch den Adventskranz haben wir selbst gebunden, weil unsere Mutter da keine Lust und Zeit dafür gehabt hat. So sind wir zur Nachbarin gelaufen, die hat immer einen Adventskranz gebunden, und die hat uns gezeigt, wie es geht. Dann sind wir jedes Jahr in den Wald gelaufen und haben uns Zweige geholt, egal wie krumm die waren. Wir haben es einfach selbst probiert und hingehauen hat es«, erzählt die Anni stolz und drückt dabei dem Alois ihren halb fertigen Kranz in die Hände. »Da – darfst du wieder halten«, schafft sie ihm an. Willig und sanftmütig erfüllt der Alois seine kleine Aufgabe und während die Anni kleine Zweige von den großen Tannenästen runterschneidet, begutachtet er interessiert den bis jetzt geflochtenen Kranz:

»Der kommt mir heuer größer vor als letztes Jahr«, bemerkt er kindlich erstaunt.

Worauf die Anni gleich unwillig kontert: »Nein, der ist nicht größer als sonst.«

Doch der Alois gibt nicht gleich auf und fragt noch mal nach: »Ist das der gleiche Bogen wie voriges Jahr?«

Da verliert die Anni die Geduld und bemerkt schon leicht genervt: »Freilich, das ist der gleiche Bogen. Ach, red' nicht so viel«, murmelt sie noch in sich hinein, sodass es der Alois nicht hört. Weil vom Adventskranzbinden hat er überhaupt keine Ahnung.

Da sitzen die beiden, die heuer Goldene Hochzeit gefeiert haben, nun über fünfzig Jahre immer in der gleichen Stube, jahrein, jahraus – im Frühjahr, Sommer, Herbst und jetzt auch kurz vor dem Advent. Und immer noch in den gleichen Möbeln, die sie sich zur Hochzeit gekauft haben. Das grüne Muster auf der Mauer ist sogar über hundert Jahre alt, damit ist der Alois in diesem Haus aufgewachsen. Seit 78 Jahren lebt er jetzt hier und hat es nie weiter als bis nach München geschafft. Urlaub hat er nie gemacht, Bayern sein ganzes Leben lang nie verlassen. Trotzdem hat er kein Fernweh, warum auch? Etwas mehr von der Welt hat die Anni gesehen. Sie war als ledige Frau in Südtirol, Österreich und hat die ganzen Seen in Bayern bereist. »Jetzt kann ich das Reisen gar nicht mehr vertragen«, erzählt sie nicht besonders traurig. »Wenn ich schon in den Bus einsteige und die Sitze rieche, dann ist es aus mit mir. Ich muss schon Reisetabletten nehmen, wenn ich nur die zwanzig Kilometer bis nach Grafenau fahren muss«, seufzt sie laut. Zum letzten Mal zieht sie den Adventskranz fest und schneidet den Bindfaden ab.

»So, der ist fertig für heuer«, hält sie ihr Meisterwerk hoch und begutachtet es noch ein letztes Mal. Nun noch schnell eine rote Schleife um den Kranz winden, die Kerzen aufstecken – und schon kraxelt die Anni die alte Eckbank hinauf und versucht, den Kranz am Haken in der Decke aufzuhängen.

Währenddessen ist der Alois von seinem vertrauten Platz aufgestanden und kehrt mit einem Besen die Reste der Tannenzweige zusammen, ohne dass ihm das die Anni angeschafft hätte. Die hat keine Zeit, um sich um den Alois zu kümmern, ihr Kranz hängt jetzt und sie schmückt ihn mit silbernen Lamettafäden – fein säuberlich Stück für Stück.

»Lass' sie nicht zu weit runterhängen, die Fäden«, mosert der Alois in ihre Ecke hoch und wirft die Tannenreste in den Ofen.

»Ich lass' sie so runterhängen, mir gefällt das so«, wehrt sich die Anni.

»Dann hole ich die Schere und stutze sie«, droht ihr der Alois an – aber schon mit einem verschmitzten Lächeln im Gesicht. Das hat die schwerhörige Anni nicht mitgekriegt, schwer atmend steigt sie von der Eckbank und setzt sich auf ihren Platz auf dem Stubensofa.

Inzwischen ist es draußen dunkel geworden und es hat angefangen, leicht zu schneien.

Anni schaut auf den Adventskranz, dann nach draußen, wo der Schnee in immer dickeren Flocken vom Himmel fällt. »Einen Haufen Schnee kriegen wir wieder«, stellt sie seelenruhig fest. »Wenn es über die Nacht so weitergeht, dann haben wir morgen zwanzig Zentimeter Neuschnee vor der Haustür«, sagt sie zum Alois.

»Ich habe mir die Schaufel schon hergerichtet«, erwidert dieser kampfbereit.

»Nein, uns schneit es nicht ein«, bestärkt ihn die Anni. Da sind sich die beiden ganz einig, so viele kleine Auseinandersetzungen und spitze Wortgefechte sie pro Tag sonst führen.

»Wir kommen immer wieder aus, da hat es schon mehr Schnee gehabt, da sind wir ausgekommen«, blickt der Alois auf die letzten Jahrzehnte zurück. Die Armut, die Kinder, die schwerkranken Eltern und die eigenen Krankheiten – alles haben die beiden zusammen bewältigt. Was soll sie da der Schnee, ihr Hauptgegner im Winter, noch schrecken?

»Dann müssen wir morgen halt schaufeln«, meint der Alois seelenruhig. Der Schnee, das Schaufeln, wieder Schnee und schaufeln – der Winter in Hilgenreith hat heute Abend begonnen.

Weihnachten

Wie eine Wand steht der Nebel heute vor dem Einödhof, alles ist Grau in Grau. Nur die hungrigen Habichte sieht man, die wie erstarrt auf ihren Holzpfosten sitzen. Der Bayerische Wald, der sich sonst jeden Tag vor der Haustüre des alten Ehepaares zeigt, versinkt in dichten Schwaden. Ein kalter öder Herbsttag könnte seinen Lauf nehmen – wenn nicht morgen Weihnachten wäre.

Am Küchentisch steht die Anni, bekleidet mit einer ärmellosen Schürze, und rollt zum letzten Mal für heuer einen Plätzchenteig aus. Das Nudelholz flitzt hin und her, denn Kraft hat die Anni genug. Fein und dünn muss der Teig werden, damit sie nachher möglichst viele Plätzchen ausstechen kann. Das Backbrett, auf dem sie arbeitet, hat ihr der Alois vor zwanzig Jahren geschreinert – aus Holz vom eigenen Waldstück. Aber für wen bäckt sie die Plätzchen? »Die mach' ich, damit noch mehr Sachen da sind. Die werden schon alle bis zum März gegessen«, sagt die Anni kurz angebunden. Aber später stellt sich doch heraus, für wen die Plätzchen sind. Für den Alois nämlich, denn der ist ein »Siaßer«. Was im Bayerischen so viel heißt, dass er Süßigkeiten, Kuchen und Plätzchen gern mag. Meist ein Laster, dem die Männer frönen. Selbst essen? Nein, das kann die Anni mit ihren drei Zähnen kaum mehr und ein Gebiss verträgt sie nicht.

Ein Pfund Mehl, 200 Gramm Zucker, 100 Gramm weiche Butter, drei Eier – nur von den eigenen Hühnern – und Margarine, das sind die Butterplätzchen von der Anni. Das Rezept hat sie sich vor rund sechzig Jahren notiert, in der Haushaltsschule in Neuhaus am Inn. In fein säuberlicher Schrift hat die damals 15-Jährige mitgeschrieben, was die Klosterschwestern ihr beibrachten. »Die haben hübsch schnell diktiert«, lacht die Anni, während sie in ihrem Rezeptbuch blättert.

Eine leichte Zeit war es damals nicht, aber das war die Anni gewöhnt. Und Weihnachten? Kindheitserinnerungen? Da wird sie nie sentimental: »Wie ich klein war, hat es nur Butterplätzchen gegeben und davon nur ein paar«, sagt sie und sticht dabei Formen aus dem Teig aus. »Ich bin im Krieg aufgewachsen und da gab es kein Mehl und auch keinen Zucker. Einmal sollte ich Zucker heimtragen, da hat die Verkäuferin zu mir gesagt: ›Komm' in sechs Wochen wieder.‹ Dann haben wir zum Plätzchenbacken halt Honig hergenommen.«

Während Anni nun die erste Ladung Plätzchen in den Ofen schiebt, berichtet sie weiter: »Weihnachten ist bei uns wie jeder Werktag abgelaufen. In der Früh sind wir noch in den Stall gegangen, weil Tiere kennen keine

Feiertage. Immer acht Tage vor Weihnachten sind unsere Puppen verschwunden, die waren aus Stoff. Meine Mutter hat ihnen neue Kleider genäht und an Weihnachten lagen sie wieder auf dem Gabentisch. Am Christbaum haben sie Äpfel hingehängt, Lametta, zwei oder drei Kugeln – und fertig war die Dekoration. Geschenke hat man oft in Zeitungspapier eingewickelt, das war uns Kindern egal: Hauptsache, wir haben was gekriegt. Und hübsch gläubig war alles: Lesen aus der Bibel, Rosenkranz beten, sechs Kilometer zur Christmette zu Fuß und wieder sechs Kilometer zurück im tiefen Schnee, das war unser Weihnachten.«

Doch jetzt schnell, schnell – die Plätzchen müssen raus aus dem alten Elektroherd, sonst verbrennen sie. Dabei wechselt Anni auch gleich das Thema, denn Gefühlsduseleien, die liegen ihr nicht. Im Leben muss etwas vorangehen, deshalb wirken bei der 76-Jährigen auch alle Bewegungen so flott, so gelenkig. Fünf Sorten – Ingwerplätzchen, Vanillekipferl, Wespennester, Butterbäckerei und Cognacplätzchen – hat sie in diesem Jahr mit ihrem Elektroofen gebacken. Sie benutzt ihn nur für Kuchen und Plätzchen. »Im Holzherd kann man keine Temperatur einstellen, da werden die Plätzchen auf einer Seite weiß und auf der anderen schwarz«, rechtfertigt sie sich, weil der Elektroherd so viel Platz einnimmt in der kleinen Stube.

Normalerweise kocht die Anni alles mit ihrem Holzherd. Strom braucht sie deshalb nicht viel im Jahr – und darauf ist sie stolz. 1000 Kilowattstunden, das reicht dem alten Ehepaar. Aber bei aller Sparsamkeit hasst die Anni Energiesparlampen. »Die brauchen fünf Minuten, bis sie hell sind«, empört sie sich. Wo sie doch in ihrem Schlafzimmer nach zwei Minuten schon im Bett liegt! In der Anni steckt eben auch ein kleiner Don Quijote – und wenn es nur der Kampf gegen die Energiesparlampen ist. »Die können mich nicht ärgern«, sagt sie heldenhaft und meint mit »die« irgendetwas zwischen Landes- und Bundesregierung oder irgendwelche Herren weit weg in Brüssel. »Ich habe so viel' Glühbirnen gekauft, dass sie mein Lebtag langen«, nickt sie, zufrieden mit sich selbst. Fünfzig Glühbirnen, das muss reichen, hat sie sich ausgerechnet, bis an ihr Lebensende.

Doch wann wird das sein? »Solange ich mir helfen kann und geistig und körperlich da bin, dann geht es«, meint die Anni. Sorgfältig bestreicht sie jetzt ihre Plätzchen mit einem dicken Zuckerguss. »Aber wenn man ein Pflegefall wird, dann gehört man erschossen«, führt sie resolut ihren Gedankengang zu Ende. Das ist für sie genauso wie mit ihren Hennen, die einfach wegmüssen, wenn die Zeit gekommen ist. »Freilich, wenn ich vor ihm sterbe«, blickt die Anni zum Alois hin, »dann ist es schlechter, weil er sich mit nichts helfen kann.« Der Alois, der gerade auf dem Sofa schon Vanillekipferl aus seiner persönlichen Plätzchendose genascht hat, bestätigt mit einem Nicken, was die Anni gesagt hat: »Ja, mit dem Kochen hapert es schon bei mir. Aber dann würde ich mir einfach Wurstsachen kaufen, einen Leberkäse warm machen, das langt mir«, malt er sich sein Leben als Alleinstehender aus. Doch die Anni glaubt ihm kein Wort, das hält sie alles für Illusionen. Um das Thema zu beenden, sagt sie: »Wir sind froh, dass wir noch beieinander und gesund sind«, und räumt ihre Dose mit den frisch gebackenen Butterplätzchen in das Küchenbüfett. »Ja«, wischt sich der Alois noch die Brösel von seiner Hose, »wenn man krank ist, das ist das Schlimmste.«

Die Anni hat inzwischen das Licht eingeschaltet, eine kreisförmige Neonröhre über dem Küchentisch, die gleich OP-Atmosphäre in der Stube verbreitet. Denn draußen hat die Dämmerung nun den betongrauen Tag abgelöst. Mit einem winzigen Baum bewaffnet, kommt Anni aus der Speisekammer nebenan. Ein kläglicher Weihnachtsbaum, den sie gestern im Dorf für nur 3 Euro gekauft hat. Und Weihnachtsgeschenke? »Heuer gibt es überhaupt keine Geschenke«, berichtet die Anni, während sie noch die Christbaumkugeln und die Kerzen holt. Dann stellt sie die alten Schuhschachteln neben den Alois hin. Der stimmt gleich pflichtbewusst zu: »Mir macht es nichts aus, wenn ich nichts kriege«, öffnet die Schachteln und betrachtet die Kugeln, die schon über fünfzig Jahre lang den Christbaum schmücken. »Wir sind das so gewohnt«, sagt er leise vor sich hin. Die Anni kniet schon vor dem Winzling, um ihn zu behängen. Selbst an Weihnachten ist sie der Motor, der alles in Bewegung hält. Silbern und blau schmückt sie den Baum. Die Kerzen, die sie aufsteckt, haben schon das vierte Weihnachten überlebt, weil sie nie runterbrennen dürfen. Etwas kläglich sieht das fast fertige Christbäumchen schon aus.

Und weil sich das Jahr nun bald dem Ende zu neigt, fängt die Anni beim Schmücken zu resümieren an: »Für uns war es heuer ein gutes Jahr«, sagt sie zufrieden. »Unser Obst ist schön geworden, anderswo hat es alles verhagelt.« Gewitter und Schnee haben sie diesmal verschont, aber wer weiß, wie es nächstes Jahr wird. Auf jeden Fall bringt es nichts – so wissen Anni und Alois –, sich gegen das Schicksal aufzulehnen oder zu viel zu erwarten. »Wünschen hilft eh nichts«, sagt die Anni und steckt ihre halb abgebrannten Kerzen auf das Bäumchen. Nur wenn man keine Wünsche hat, dann kann es, so glaubt die Anni, »kommen, wie man es mag«.

Gottergeben und zufrieden, so kommt man am weitesten. Das haben die Sigls in ihrem langen Leben gelernt, das ist *ihre* Weisheit. Das Märchen vom Fischer und seiner Frau, das kennen sie auch hier im Bayerischen Wald. Immer mehr haben, mehr ausgeben und unzufrieden sein – das ist die Krankheit unserer Zeit, da machen sie nicht mit. »Mit der Geldausgeberei habe ich es nicht«, sucht die Anni einen Platz für die letzte Kerze, »mir reicht das, wenn ich Weihnachtslieder höre, mehr brauche ich nicht.« Der Alois betrachtet genau ihr etwas liebloses Werk und sagt: »Nein, uns langt das, was wir haben. Arm sind wir nicht.«

Stück für Stück dekoriert Anni das letzte Lametta. Schnell, aber akkurat. Zum Schluss dreht und wendet sie das geschmückte Bäumchen. »Der steht aber nicht gerade«, kritisiert der Alois vom Sofa aus. »Und die Kerzen hängen so schräg«, sagt er noch. »Da kann ich dir auch nicht helfen«, antwortet die Anni lapidar, aber nicht böse. Vom Alois lässt sie sich nicht dreinreden, wo kämen wir da hin. »Für heuer passt er«, verkündet sie dann. Entschlossen packt sie den kleinen Baum – und ab damit auf das alte Holzschränkchen! Die Anni hat schließlich Wichtigeres zu tun. Die Hühner schreien, das neue Jahr ruft, daran ändert auch Weihnachten nichts. Aber auch gar nichts.